Carlos Alberto Tello Campos

Una Ciudad Digital en el Siglo XXI

Carlos Alberto Tello Campos

Una Ciudad Digital en el Siglo XXI

¿MÉXICO?

Editorial Académica Española

Imprint

Any brand names and product names mentioned in this book are subject to trademark, brand or patent protection and are trademarks or registered trademarks of their respective holders. The use of brand names, product names, common names, trade names, product descriptions etc. even without a particular marking in this work is in no way to be construed to mean that such names may be regarded as unrestricted in respect of trademark and brand protection legislation and could thus be used by anyone.

Cover image: www.ingimage.com

Publisher:
Editorial Académica Española
is a trademark of
Dodo Books Indian Ocean Ltd. and OmniScriptum S.R.L publishing group

120 High Road, East Finchley, London, N2 9ED, United Kingdom
Str. Armeneasca 28/1, office 1, Chisinau MD-2012, Republic of Moldova, Europe
Managing Directors: Ieva Konstantinova, Victoria Ursu
info@omniscriptum.com

Printed at: see last page
ISBN: 978-620-0-03888-3

Dedicado a **EDUARDO A. TELLO,** mi hijo, mi apoyo y mi motivación en la vida.

El autor desea expresar su agradecimiento a **AUGUSTIN RAMAZANI BISHWENDE** por la restructuración del índice y valiosas aportaciones conceptuales, histórico – sociológicas que permitieron darle una visión más completa al presente estudio, logrando una mayor profundidad.

Índice

PREFACIO

El estudio y análisis del caso que este libro presenta expone una realidad puntual en la zona geográfica escogida: el Centro Histórico de la Ciudad de México. Dos grandes sectores lo componen: Oriente y Poniente. A pesar de que esta obra reconoce la lentitud de atención a las distintas solicitudes de desarrollo local así como a la falta de coordinación pública y privada, la encuesta de campo que en ese marco se efectuó en su sector Poniente confirma que el proceso de revitalización implementado ahí a pesar de no haber contado en el pasado con una tecnología digital de información y comunicación TIC de punta que haya permitido una mejor y más àgil coordinación entre diferentes actores en la zona, ha funcionado aceptablemente para beneficio de sus habitantes.

Como resultado, esto ha arraigado un poco más a la población a sus lugares de residencia original (el centro mismo) y eventualmente ha asimismo colaborado con la re-densificación central de la ciudad, contribuyendo en cierta medida a la deseada reducción de la incontrolable y constante expansión periférica que la Ciudad de México todavia experimenta.

No obstante ese modesto éxito, desafortunadamente el mismo no es general. Existen todavia otros sectores de la ciudad con decaimiento y pobreza urbana evidente: Esto motiva a la gente a despoblarlos para ir mejor a poblar sectores pericentrales o bien periféricos del conglomerado urbano y consecuentemente extenderlo horizontalmente aún más como se menciona. Tal es el caso del mismo Centro Histórico pero en su sector Oriente por ejemplo. El conglomerado urbano actual es en ese orden un auténtico mosaico de atracción y rechazo urbanos, atención y desatención de necesidades locales, repoblamiento y despoblamiento que respectivamente ha creado distritos/colonias de riqueza y pobreza urbana muy contrastante. Ese mosaico actualmente recorre diagonalmente la ciudad de Norponiente (más desatendidas de adecuados servicios las zonas Norte y Oriente) a Suroriente (màs atendidas de adecuados servicios las zona Sur y Poniente) teniendo como eje precisamente al Centro Histórico.

El Programa Maestro del Metro 1985 así como el Plan Maestro del Metro 2018 – 2030 señalan cada quien por su parte.el significativo proceso de ezpansión sin control que dicho conglomerado mejor conocido como Zona Metropolitna de la Ciudad de México – ZMCM y mas recientemente como resultado del mismo fenómeno de extensión incontrolable que se describe como Zona Metropolitana del Valle de México – ZMVM ha experimentado. Su progresión es constante y no disminuye.

La versión 1985 del programa presenta una reseña histórica del mismo desde los años 1950 (Tello Campos, 1985, pp.15 – 17). Por su lado la versión 2018 – 2030 del plan no solo lo confirma sino que adicionalmete establece que los escenarios de crecimiento urbano para el año 2030 vaticinan que si no se actúa de forma adecuada las zonas conurbadas situadas en el vecino Estado de México seguirán creciendo caotica y desmesuradamente (STC, 2018). Asimismo, la incesante reconformación social de la zona metropoñitana durante las últims décadas, ha sido marcada por la enorme dispersión de la mancha urbana hacia los municipios conurbados del Nororiente (ibidem).

En el vecino Estado de México, una gran cantidad de familias ha debido trasladarse a la periferia y alejarse de los centros de trabajo, comercio, estudio y ocio, tomandoles en ocasiones màs de seis horas al día para trasnsportarse y así cubrir sus necesidades cotidianas, en deterioro de su nivel y calidad de vida (ibidem). Finalmente ese estudio afirma que similarmente no existe a la fecha a nivel de la ZMVM un proceso formal de planeación integral del transporte, por lo que consecuentemente no existen planes de integración modal (ibidem, p.8).

Al promoverse en esta obra la contribución digital a través de una más amplia adopción y aplicación tecnológica de información y comunicación TIC al fenómeno descrito con objeto de facilitar el advenimento de una ciudad más inteligente, más compacta, se espera simultàneamente promover una reducción del contraste urbano antes mencionado. Por ejemplo, las TIC y su utilización por sus caracteristicas de aplicación, muy bien pueden agilizar el proceso de atención a las solicitudes de desarrollo anteriormente dichas, así como a la necesaria interrelación y coordinación con distintos niveles de gobierno, administración tanto pública como privada y residentes en general (Diagrama A) en el marco de acciones conjuntas de revitalización urbana de distritos. Esta coordinación no es ni nunca ha sido eficiente en la Ciuddad de México. De hecho es un problema endémico en la nación muy difícil de eliminar.

Es muy lamentable y asimismo soprendente que un país como los Estados Unidos Mexicanos – EUM (mejor conocido como México) y en particular su capital, la Ciudad de México, haya logrado a lo largo de los siglos XX y lo que va del XXI un importante progreso en distintos ordenes incluso en algunos casos en el urbano, sin pràcticameente tener una adecuada organización para hacer frente a las necesidades de sus ciudadanos. Ese progreso si bien ha sido notable en el tiempo transcurrido, se ha dado en la mayoría de las ocasiones de una forma anárquica.

La aplicación tecnológica ofrece ofrece una alterniativa màs racional y consistente de solución viable a la a veces espontaneidad, en donde las expectativas entre otras, radican en controlar más eficientemente al fenómeno urbano de expansión así como mejorar para tal fin al problema de coordinación descritos.

Gobierno : asiste a autoridades a lograr una ràpida coordinación y màs eficiente planeación.

I

configuración màs inteligente de

TIC – distritos (revitalización, mejor dotación de servicios, mejor CDV)

I

Residentes . asiste a mejorar las actividades laborales, de estudio, compra, ocio, etc., de forma remota – optimiza los recursos existéntes.

menor polución y calor en la

– ciudad al reducir las emiciiones a la atmósfera.

– mayor retención/atracción gente

Diagrama A. Expansión urbana : comtribución al proceso de revitalización / re-densificación central de distritos.

Al fomentar ciudades màs compactas, menos extendidas, los implícitops beneficios recaeran exclusivamente sobre el hombre y la naturaleza. Por ejemplo, de llevarse a cabo el proyecto del Parque Ecológico del Lago de Texcoco – PELT, este propocionaria el necesario apoyo "verde" que la megalópolis (la ciudad) de México requiere para mejor contribuir a la reducción de la importante contaminación atmosférica que hoy por hoy existe y que afecta mucho la salud de sus habitantes. En ese marco, el modesto éxito de revitalización logrado en el sector Poniente del Centro Histórico, así como el de todos los proyectos ya sea urbanos como ecológicos previstos, serian con la asistencia digital - tecnológica mucho màs efectivos y perdurables tanto en el decadente sector Oriente del mismo Centro Histórico (el cual necesita una urgente atención por parte de las autoridades competentes a sus numerosos problemas urbanos), como en el de otros màs de la ciudad misma cuando la futura implementación de proyectos de revitalización urbanos y ecológicos se realize. Al hablar de los beneficios que la tecnología de información y comunicación le reporta al conglomerado urtbano en cuestión, este trabajo intenta promocionar e impulsar el logro de una nueva configuración urbana màs eficiente desde el punto de vista social, económico y ambiental por nedio de una mayor compacidad y sobretodo integración de estructuras como ya se ha mencionado.

El propósito fundamental que se señala aquí es el de controlar mejor el crecimiento del enorme conglomerado de hoy en día. Este estudio no se opone de ninguna manera a que el tejido urbano crezca. Este crecer es el resultado natural de una mayor esperanza de vida y fecundidad con los que la humanidad en su conjunto hoy cuenta a nivel mundiial (balancw de tasas de mortalidad y fecundidad). El punto es de hacerlo de forma racional e inteligente prestando una cuidadosa atención a todos los actores de ciudad – naturaleza (a saber, humanos, fauna, flora, aire, cursos de agua, tierra, etc.). El planeta en su totalidad tiene límites, no obstante que sus recursos naturales den la impresión de ser infinitos: no lo son. Sus recursos son limitados y cada vez lucen más limitados incluyendo al de la tierra, (terrenos rurales), para satisfacer las necesidades de habitación, alimentación, et., etc., de una enorme y creciente población cada día màs numerosa (estimada hoy alrededor de 7,000,000,000 en la actualidad) y cada día más extendida. En ese contexto, este estudio constantemente indica la pertinencia de una adopción y aplicación de la tecnología de hoy para satisfacer precisamente las necesidades mencionadas.

Afortunadamente la humanidad dispone ya de un medio seguro para hacer frente a ese desafío. ¿Porqué no comenzar a utilizarlo de una forma màs extensiva para el bien común? Es urgente hacerlo para contribuir a través de el con la reducción del problema cada vez más acuciante del descontrolado crecimiento de ciudades en perjuicio directo del hombre y de lo natural. La Ciudad de México con su tremendo consumo de tierra y terrenos debido a su constante expansión y consecuentes enormes distancias intrurbanas a recorrer, es un ejemplo de ese abuso. La gente pasa horas en el transporte para trasladarse de un punto A a otro punto B dentro de la misma ciudad como el Plan Maestro del Metro 2018 – 2030 ha dicho. El tráfico en las denominadas horas – pico es sencillamente terrible ocasionando daños de salud no solo físicos sino hasta sicológicos a sus habitantes. Asimismo, la selva del Amazonas en Brasil es otro ejemplo ilustrativo de lo que aquí se afirma y preocupa.

Este fenómeno de irrefrenable extensión se ha convertido ya en una auténtica pesadillla para mucha gente (políticos, adminsitradores, planificadores, arquitectos, ingenieros, y gente residente entre otros). Es un càncer al que hay que curar lo más pronto que sea posible antes de que impacte a la civilización actual, prácticamente eliminandola. Sus consecuencias empiezan ya a hacerse notar en términos de un cambio climático muy significativo (calentamiento del planeta). Dicho cambio està produciendo ya huracanes cada vez màs frecuentes y poderosos, inundaciones, incendios forestales, etc, que destruyen indiscriminadamente tejidos urbanos y naturales.

La pareja expansión urbana – transporte colabora eficientemente en todo ese panorama Un consumo màs importante de carburante debido a una mayor circulación de vehículos automotores de explosión interna que necesitan cubrir mayores distancias interurbanas, no solo contamina el aire de las ciudades con sus emisiones, sino que las calienta junto con su atmósfera (efecto de invernadero). La produccion de más gases atmosféricos retienen el calor del sol e impide que escapen al espacio exterior provocando así el calentamiento global. Los cosmbustibles fósiles (carbón, petróleo y gas) son con diferencia los que màs contribuyen al cambio climático del planeta ya que representan a casi el 90% de todas las emisiones de dióxido de carbono y màs del 75% de todas las emisiones mundiales de gases de efecto invernadero.

Como se recuerda, el principal motor del cambio climático es entonces el citado efecto invernadero ya que algunos gases que se depositan en la atmósfera terrestre actúan de forma parecida al cristal de un invrnadero. Así, después de puntualizar algunos de los problemas màs representativos que en la actualidad muchas de las grandes ciudades del mundo enfrentan debido a su inexorable extensión sin control, la obra presente aporta asimismo posibles alternativas de solución al caso o de al menos mitigación. Para el aspecto de la extensión horizontal sin planificación ni control, este estudio hace énfais en la extensión vertical de estructuras por medio de una densificación o mejor dicho re-densificación. Y para el aspecto de la contaminación ambiental, se menciona por ejemplo al traslado de las principales actividades diarias que la gente realiza actualmente en sus centros de ocupación a actividades realizadas en centros remotos desde casa y/o desde oficinas satélite conectados todos digitalmente a las respectivas centrales laborales o de estudio (telecommuting, telestudying). Esta nueva configuración urbana puede asimismo abarcar incluso a actividades de entretenimiento, de compra (shopping), etc., entre otras, utilizando para tales fines a la tecnología de información y comunicación aquí promovida (TIC). Esto disminuiria significativamente la necesidad del fatigante transporte cotidiano con su increible deperdicio de horas – hombre que directameente impacta a todos los niveles de productividad de la ciudad misma así como a los de contaminación ambiental con una mayor cantidad de emsiones de gases.

La obra así mismo subraya la sustitución de vehiculos automotores de explosión interna por vehiculos eléctricos como otra posibilidad que hay que explorar para combatir dicha contaminación. Para tal,habrá que promover en este sentido la construcción de màs estaciones de servicio para ellos y desde luego reducir el costo inicial de compra de las unidades. Esto permitirá lograr más rápido dicha sustitución con objeto de volver más popular en la población la adquisición y sobretodo utilización de los vehículos eléctricos con la consiguiente reducción de las citadas y altamente dañinas para humanos y medio ambiente, emisiones de gases tóxicos. La proyectada megaplanta TESLA en la Ciudad de Monterrey es una esperanza a la que todavía le falta cristalizar.

El incremento antes citado (PELT) de àreas verdes muy necesarias en los respectivos tejidos urbanos de la ciudad, constituye otra posibilidad para eficientemente luchar contra la contaminación atmosférica imperante que aquí se señala. Sin embargo la voluntad política de impulsar esta iniciativa radica estrictamente en el gobierno respectivo.

¿Que tan probable y pertinente es la adopcion TIC por los residentes del lugar?

Para dar una apropiada respuesta a la pregunta planteada, esta obra muestra la instrumentación y resultados de una investigación de campo realizada en Centro Histórico Poniente. El objetivo fue el de primeramente conocer el perfil social, económico y ambiental de los habitantes de dicho lugar vis – à – vis el nivel de la revitalización efectuado en el sector por distintos programas gubernamentales a lo largo del tiempo. Una vez que ese perfil se identificó, estimar que tan probable sería que la gente incorporara ordenamientos digitales a su vida diaria basado en una adecuación socioeconómica ambiental – TIC. Si la naturaleza del perfil es compatible con dichos ordenamientos es entonces que la promoción popular de ellos cobra sentido. Así un distrito/colonia con vocación profesional y con gente educada a nivel universitario es mas propenso a adoptar la tecnología de la que aquí se habla que otro distrito con vocación obrera por ejemplo, con gente de bajo nivel educativo y cultural. El cambio de modelo de producción que el centro urbano de la ciudad reportó a fines del siglo pasado como consecuencia de la incorporación del país a distintos tratados internacionales de libre comercio, así como de distintas acciones de revitalización efectuadas esta vez para luchar contra la contaminación ambiental, y la necesidad de ampliación de las plataformas productivas (industriales) frente a una correspondiente falta de espacios apropiados y suficientes para tal en dicho centro, etc, que la oportunidad solicitaba, todo sucedido durante ese periodo de tiempo, fomentó el cambio de giro local en términos de un desplazamiento de industrias que se ubicaban en el área para mudarse a lugares más periféricos y la posterior sustitución de las mismas por actividades terciarias (servicios). A pesar del cambio descrito y dentro del variado y contrastante mosaico socioeconómico ambiental de la ciudad, el estudio reconoce que existen todavía muchos residentes con vocaciones (perfiles) igualmente muy variadas. Basado en ello, la encuesta que se implementó responde a interrogantes tales como:

- ¿Es Centro Histórico Sector Poniente susceptible de adoptar la tecnología de información y comunicación propuesta en función del perfil socioeconómico y ambiental de su población?
- ¿Qué segmentos de población de este sector son candidatos a adoptar la tecnología de información y comunicación propuesta según su perfil socioeconómico y ambiental?
- ¿Qué segmentos de población de este sector son candidatos a trabajar con la asistencia de la tecnología de información y comunicación propuesta según su perfil socioeconómico y ambiental?

Para reportar un progreso que resulte para las generaciones futuras no solo significativo sino también más racional, planificado y ordenado olvidando la improvisación, es preciso cambiar primeramente la forma de pensar no solo de la gente residente en el lugar de interés sino sobretodo de la del gobierno e iniciativa privada. Esta tarea no es fácil y nunca ha sido fácil pero es imperioso intentarla e imprescindible el lograrla. Es así que a lo largo de todo este estudio, se repite constantemene los mismos conceptos de base para analizarlos de diferentes angulos y así profundizar en su mensaje.

INTRODUCCIÓN

Un mundo polarizado en Norte, Sur, Este y Oeste prevalecía después de la Segunda Guerra Mundial. Se vivía entre colonización y guerra fría (con la creación de la Unión de Repúblicas Soviético Socialistas en 1917). La realidad era muy diferente a la que conocemos hoy. Lo que relacionaba a los estados y poblaciones del Norte y del Sur era todavía la dominación colonial, las guerras, las catástrofes naturales, y asimismo la cooperación entre diversos países en vías de desarrollo. La dominación colonial le había permitido al Occidente seguir consolidando imperios como los de Estados Unidos, Gran Bretaña, China, Francia, España, Rusia y Portugal entre otros. A pesar de que ese patrón pudiera considerarse como hegemónico e imperial, el mismo aproximó a estados y gentes de alguna forma. Si bien era un espacio de explotación en muchos casos, era también uno de cooperación, construcción de relaciones así como de contactos interpersonales entre países en otros.

Los conflictos como los antes citados colateralmente motivaron un tipo de solidaridad en los países del Sur en ayuda de los del Norte. Los países colonizados acudieron en ayuda de sus potencias colonizadoras para por ejemplo durante la guerra, poder vencer a Hitler y a la Alemania Nazi. Asimismo en su momento, las catástrofes naturales del planeta ocasionaron que dicha solidaridad humanitaria se organizara para asistir lo mejor a los países afectados. Desde los orígenes de esa política tanto en el mundo desarrollado como en el que está en vías de desarrollo, los países establecieron cooperaciones tanto de tipo bilateral como multilateral para interactuar juntos y ayudarse mutuamente. Este esquema de cooperación política y económica acerca a los estados modernos, desarrollados o no, para trabajar unidos en paz, armonía social y concordia.

Si en ese orden fue posible que existiera un auténtico acercamiento entre diferentes soberanías políticas, se pueden igualmente contemplar acercamientos entre distintas ciudades y pueblos al interior de un mismo país bajo un marco de participación humana y desarrollo sustentable. Esta obra aspira de esta manera a profundizar en lo relativo a esos acercamientos entre personas de una misma ciudad que aceptan cohabitar juntos, que aceptan vivir juntos, que aceptan una vida en unión armónica e integral bajo una perspectiva ética. Esta situación alternativamente fomenta muy bien el advenimiento de un ambiente más ordenado, saludable y benéfico para la población mundial.

Hoy en día las ciudades crecen en desorden constantemente siendo muy difícil que el proceso de planificación pueda desacelerar ese tipo de crecimiento. En efecto, según la Organización de Naciones Unidas más de la mitad de la población mundial ya vive actualmente en ciudades. En Canadá por ejemplo, cuatro ciudadanos de cada cinco viven en zonas urbanas. De esta clase de expansión surgen muchos problemas muy serios en donde los sectores de vivienda, infraestructura, y servicios sociales luchan por ejmplo por estar a la altura y ritmo requeridos[1].

En ese contexto la sociología y la geografía deben seriamente de empeñarse en tratar con problemas que se relacionan con lo urbano aportando ahí soluciones **sustentables.**

No obstante lo que se observa es lo opuesto tanto en el Occidente como en otras zonas geográficas. Con frecuencia se ven gentes sobretodo a las de mayores recursos que se mudan de las ciudades demográficamente densas

---

[1] CONSEIL CANADIEN DES NORMES (CNN), *Des Villes plus intelligentes grâce au leadership canadien,* 11 de octubre de 2017.

para ir a vivir fuera de ahí en busca de tranquilidad, aire puro y calidad de vida (CDV)[2], en conjuntos cercados sin aproximación social situados en lugares más alejados. Lo que desean es de vivir bajo las mejores condiciones posibles exclusivamente para ellos, sus familias, y amigos cercanos.

Esta simple situación se encuentra justo en el origen del fenómeno de la *expansión urbana incontrolable.* Es preciso desalentar en todo lo posible dicha expansión dado que aísla en general a las personas que de otra manera convivirían de una forma más próxima. Ese fenómeno no propicia la vida en conjunto, armónica e integral hablada sino que puede ocasionar problemas muy significativos de crecimiento incontrolable de áreas periféricas y decrecimiento incontrolable de las áreas centrales. Este tipo de expansión representa el tradicional quehacer de la planificación urbana de hoy en día. Las ciudades deben presentar una imagen totalmente distinta por lo que su noción debe cambiar en función de un desarrollo tecnológico de información y comunicación (TIC). Las ciudades modernas tienen que generar los recursos económicos necesarios para constituirse así en motor de crecimiento inclusivo y de transformación estructural para lograr un desarrollo sustentable.

A través de esta obra se quiere contribuir a la elaboración y promoción del concepto de ciudad inteligente, digital, compacta, desalentando lo más posible al de expansión urbana debido a la necesidad que la gente tiene de mejorar sus condiciones, su calidad de vida, su calidad del lugar (CDL)[3]. Gracias al TIC, las ciudades actualmente pueden concebirse ya no solo como zonas aisladas,

---

[2] Cutter busca definir la CDV como la felicidad o la satisfacción individual con la vida y el medio ambiente, ahí incluidas las necesidades, los deseos, las aspiraciones, las preferencias en materia de modo de vida y de otros factores tangibles e intangibles... CUTTER, Susan L., *"Rating Places: A Geographer's View on Quality of Life"*, 1985, p.7.
[3] La CDL queda definida por Andrews como una medida global de factores medio ambientales que contribuyen a la calidad de vida, *« Analyzing Quality of Place »* ANDREWS, Clinton, 2002, p.201.

fortificadas, e impenetrables para la persona que las visita sino como una red de redes interconectadas con objeto de administrar por parte de los ciudadanos de manera eficiente a los limitados recursos con que a veces se cuenta para el beneficio de todo el mundo.

"Al considerar a la ciudad como a un complejo ecosistema de relaciones sociales, se considera a la inteligencia de la misma a partir de las interacciones que los ciudadanos puedan establecer entre ellos: La concepción de la ciudad llega a ser así un problema de modelación de sistemas complejos, más precisamente de un problema de modelación de **sistema de sistemas**"[4].

La sustentabilidad en el desarrollo, en la calidad de vida, en la calidad del lugar, en la accesibilidad, la resiliencia, la seguridad, los espacios verdes, las áreas cultivables entre otros mejora gracias a que las modernas ciudades inteligentes se oponen a las tradicionales que se extienden sin fin y en donde los escasos recursos disponibles tienden a evaporarse.

Bajo esa perspectiva una ciudad inteligente sería antes que nada una ciudad demográficamente densificada e integrada en el plano social, económico, y ambiental (Fortier, 2015). Esta densificación se contrapone asimismo lágicamente a la expansión urbana incontrolable de las ciudades tradicionales antes mencionada. Las modernas ciudades inteligentes se concebirían y desarrollarían bajo un sistema de red en donde las respectivas poblaciones se encontrarían más accesibles y seguras presentando por lo tanto un mayor nivel ético y menor no ético, ciudades en las cuales la gente viva más tranquilamente dentro de un marco de cohesión e integración. Se trataría de ciudades que responderían mejor a los estándares éticos del desarrollo

---

[4] ROCHET Claude, *Les villes intelligentes. Enjeux et stratégies pour les nouveaux marchés*, 10 de noviembre de 2014, Una colección desarrollada en colaboración con la Biblioteca Paul-Émile-Boulet de la Universidad de Québec en Chicoutimi, Sitio web: http://bibliotheque.uqac.ca/p. 26. CLICHE et al, *Les enjeux éthiques de la ville intelligente : données massives, géo-localisation, et gouvernance municipale,* 2016.

sustentable y que como consecuencia, tendrían más éxito al establecer un equilibrio entre población y medio ambiente natural en términos de su crecimiento central y periférico.

Esto implica una búsqueda desenfrenada de la calidad de vida lo que les asegura a las distintas poblaciones un contexto más saludable y a la biodiversidad, el necesario respeto. Se trataría de ciudades con un mejor porvenir urbano para todos.

Las ciudades inteligentes y sustentables utilizarían muy bien con distintos fines las ventajas que presenta la infraestructura digital TIC (Levée, 2014): *accesible, modular, confiable, susceptible de ampliación, susceptible de supervisión, segura, y sólida*. Esta infraestructura mejoraría la calidad de vida de la gente. Ofrecería mejores niveles de vida y de posibilidades de empleo. Elevaría el bienestar de los habitantes notablemente en lo que concierne al cuidado de la salud, las condiciones de vida, ausencia de probables peligros materiales, y la enseñanza (pluri e interdisciplinaria) entre otros. Asimismo racionalizaría muy significativamente servicios tales como los relacionados con los de la movilidad, o la administración del agua por ejemplo que se apoyan sobre una infraestructura muy sensible y material.

En ese orden reforzaría a los aspectos de prevención y administración de catástrofes, principalmente en lo que toca a la capacidad para enfrentarse a los efectos del cambio climático. Pondría en práctica equilibrados y eficientes mecanismos en materia de reglamentación y gobierno, emanados de políticas más apropiadas.

En suma, las ciudades inteligentes y sustentables se inscribirían en una perspectiva a largo plazo la cual permitiría responder a las necesidades de las generaciones de hoy en día sin comprometer la calidad de respuesta de las generaciones del mañana[5]. En ese quehacer este estudio no esta solo descubriendo el fértil campo que el tema de las ciudades inteligentes ofrece, ya que ha habido otros autores que han comenzado este debate antes. En 1999, Issac Joseph abrió al citado publicando *"Gares intelligentes, accessibilité urbaine et relais de la ville dense"* (*"Terminales inteligentes, accesibilidad urbana y relevo de la ciudad densa"*). En esta obra, este autor realiza un estudio comparativo entre las terminales y la inteligencia de las mismas en las grandes metrópolis del mundo de hoy en función de su crecimiento económico.

En 2014 dos otros autores, uno anglófono y otro francófono, publicaron un libro sobre ciudades inteligentes. Rochet y Pinot de Villecheron publicaron un colectivo titulado *"Urban Life Management: Systems Architecture Applied to the Conception and Monitoring of Smart Cities"* (*"Administración de la Vida Urbana: Arquitectura de Sistemas Aplicada al Diseño y Seguimiento de Ciudades Inteligentes"*). Asimismo Rochet publicó esta vez solo, en el mismo año de 2014 otra obra denominada *"Les Villes Intelligentes, Enjeux et Stratégies pour les Nouveaux Marchés"* (*"Ciudades Inteligentes, Desafíos y Estrategias para Nuevos Mercados"*). En este libro que vio la luz en Paris, el autor analiza las encrucijadas y desafíos de las ciudades inteligentes sobre el plan demográfico, económico, geo-político, de innovación, y de los desafíos de transformación de distintos modelos de negociación adoptados por la

---

[5] ¿Qué es una ciudad inteligente y sustentable? - https://itunews.itu.int/Fr/5383-Quest-ce-quune-ville-intelligente... Cf. BRUNDTLAND, Gro Harlem (1987). "Our Common Future", United Nations World Commission on Environment and Development – WCED, Oxford University Press, New York, N.Y., USA. FORTIER, P., (2015), Qu'est-ce qu'une ville intelligente et comment la recherche peut-elle appuyer son développement? Québec,.

iniciativa privada y la acción pública en Francia. Al hablar de ciudades inteligentes, de su definición y de las correspondientes referencias bibliográficas, se piensa en la originalidad de esta investigación y en las preguntas heurísticas de esta obra. **¿Es posible que nuestro mundo contemporáneo pueda todavía dotarse de una red de ciudades inteligentes y sustentables? ¿Cuáles serían los desafíos geo-históricos sobre un plan sociológico y antropológico, filosófico y ético? En breve, ¿cómo la ética pudiera imponerse a través de una nueva configuración urbana para eliminar lo negativo, lo no ético en ese contexto?**

Si nuestro mundo actual se comprometiera a la implementación y construcción de ciudades modernas y sustentables, es decir a ciudades más densificadas reservando las áreas verdes como pulmón de las mismas, impulsando al mismo tiempo a la agricultura local, las ventajas serían enormes (Hamm, 2015). Las ciudades inteligentes y por lo tanto sustentables darían origen a modernas sociedades que colocarían al hombre al centro de toda su preocupación, no al dinero. Esa visión de ciudades inteligentes se desprende del siglo de las luces en donde grandes filósofos como Nietzche, Feuerback, Karl Marx, Auguste Comte,… han ubicado en la agenda de la filosofía occidental la existencia histórica del hombre al centro de todas las cosas. Después de haber proclamado la muerte de Dios había que resucitar al hombre para ponerlo al centro de todas las aspiraciones de la humanidad y del mundo.

La Teología se funde en la antropología y no está ya más al servicio de Dios sino al del hombre para su bienestar y dignidad. La Teología no es ya otra que una antropología que está al servicio de la antropología misma. En ese orden, debemos pensar de ahora en adelante en ciudades inteligentes como espacios urbanos a partir del hombre, para su bienestar y dignidad. Colocar al hombre al centro de todas las preocupaciones humanas es solamente reforzar la posición ética. Aquí, las ciudades inteligentes se ajustarían a la ética con objeto de permitirle que se imponga en el espacio urbano. Si las denominadas luces en su siglo tenían como preocupación de revalorar al hombre poniéndolo al centro de toda atención y mismo al centro de la civilización, él se desvaloriza a manos de los numerosos desafíos históricos como el de la trata de negros y la colonización asimismo histórica.

La Revolución Industrial a pesar de que colocó al hombre en la postmodernidad, se opuso en ese sentido al proyecto de las luces dado que fue un apoyo crítico a los movimientos de esclavitud y colonización. Las ciudades inteligentes entonces como ya se ha indicado antes serían ciudades por ejmplo con suficiente verde para empezar a promover un ambiente más apropiado que estaría así al servicio exclusivo del hombre. Con este tipo de ciudades inteligentes y sustentables tendríamos de hecho poblaciones más sanas dedicadas a la producción, optimización, e inversión. Contribuirían a eliminar de nuestro medio urbano la discriminación, las desigualdades generadas en muchos casos por la historia en donde la tendencia era de jerarquizar, discriminar, y separar a ricos y pobres. Ellas trabajarían por la armonía e integración de sus habitantes. Adicionalmente las ciudades inteligentes del siglo XXI colaborarían al incremento de calidad de vida al interior de las sociedades contemporáneas y con esto a la calidad del lugar.

Las economías de los países que adoptaran el modelo de ciudades más densificadas serían ahí más sustentables incorporando las TIC para promover al mismo tiempo políticas sociales más justas y más humanas. Estas ciudades respetarían más al medio ambiente y biodiversidad como se ha indicado. Este trabajo sobre ciudades inteligentes y sustentables es original porque se basa en un estudio de casos que toca a una ciudad de actualidad como lo es en América del Norte la Ciudad de México en los Estados Unidos Mexicanos – EUM. ¿Porqué se ha escogido a una ciudad norteamericana para ésta obra? Porque México ha sido primeramente mal construida que como consecuencia ha experimentado una incontrolable y muy significativa expansión urbana al no respetar el equilibrio demográfico centro – periferia. En el aspecto estadístico se estima que esta ciudad conocerá durante la década de 2030 una explosión demográfica disfuncional, muy difícil de administrar y controlar en el futuro. México actualmente ya es la ciudad más densamente poblada del mundo de habla hispana[6].

México. Tres grandes incisos se utilizan para describir y analizar la experiencia urbana de los "chilangos" (como se les denomina a los residentes de esta ciudad) en la Ciudad de México así como en su conglomerado.

a. Datos demográficos. Históricamente la región central ha sido el principal nodo de desarrollo del país. Este nodo ha conocido un gran cambio en la dinámica demográfica de su asentamiento urbano más importante: la Ciudad de México. Esta ciudad es la capital política de los Estados Unidos Mexicanos (mejor conocido solo como México).

El español es ahí el idioma nacional junto con otros sesenta y ocho dialectos nativos también nacionales. El sector central de la Ciudad de México ha pasado en ese orden de ser un polo de atracción a uno de rechazo según las características de movilidad[7] y de preferencias de habitación de la

---

[6] UNITED NATIONS, "2010 Estimates for the 2009 World Urbanization Prospects Report".
[7] CHÁVEZ GALINDO, A.M., *La nueva dinámica de la migración interna en México 1970 – 1990.* México, 1999, p. 228, 229.

población residente. Aguilar, Graizbord y Sánchez[8] al igual que Delgado en Schteingart[9] identifican cuatro grandes etapas en el proceso de urbanización general de esta ciudad; pre-industrial, industrial, metropolitana y megalopolitana, En la etapa pre-industrial la población de colonos europeos y nativos se caracterizó por la estabilidad en dicho sector central. Así de 1742 a 1793 México tuvo una tasa de crecimiento anual de solo 0.3%, pasando de 98,000 a 113,000 personas, mientras que la Nueva España (antiguo nombre colonial de los Estados Unidos Mexicanos) experimentó una tasa del 0.9% anual, pasando de 3.3 a 5.2 millones de habitantes, (tres veces más que el crecimiento de la capital nacional[10]).

Durante la etapa industrial, ese mismo sector central conoció una especialización funcional que alentó un claro movimiento de inmigración en donde la población urbana llegó a ser más numerosa a expensas de la rural. De 1900 a 1930 la población residente en el sector aumentó significativamente de 344,000 habitantes para llegar a 1,029,000 en los periodos indicados, de la misma forma que la fuerza de trabajo que cada día se desplazaba en ese entonces "al centro" para ir a trabajar (*ibidem*).

En la etapa metropolitana el crecimiento del conglomerado (conurbación) favoreció a las zonas de influencia (hinterland) no urbanas así como a las áreas con asentamientos de talla mediana o pequeña del tejido urbano a través de la expansión de ciertos núcleos periféricos a expensas de pérdidas de población absoluta tanto en los sectores peri-centrales como en el sector central. Así, México presentó por ejemplo de 1950 a 1960 una tasa de

---

[8] AGUILAR, A.G., GRAIZBORD, B., ET SANCHEZ, A., *Las ciudades intermedias y el desarrollo regional en México,* México, 1996, p.32, 33.

[9] DELGADO, J. en SCHTEINGART, M., *Espacio y vivienda en la Ciudad de México,* México, 1991, p. 86, 87.

[10] SCHTEINGART, M., *Espacio y vivienda en la ciudad de México,* México 1991, p.23.

crecimiento anual del 10.3% mientras que su sector central de sólo 2.4% (*ibídem*). Finalmente, en la etapa megalopolitana el desarrollo de una red espacialmente integrada por regiones interdependientes se confirma en términos de una importante zona urbana (Zona Metropolitana de la Ciudad de México – ZMCM). El impacto de todo ese panorama se tradujo durante la década de los años 80 en una expansión periférica sin precedente, con una reducción central también sin precedente. La población metropolitana en ese sentido cambió de 3.0 millones de residentes en 1950[11] a 19.5 en 2010[12] (Figura 1) y su centro de 2.9 en 1970 a 1.6 en 2000[13], [14] (Figura 2).

En cuanto a su sistema financiero, la "Red de Investigación sobre Globalización y Ciudades Mundiales" ("Global and World Cities Research Network – GaWC) de la Universidad de Loughborough del Reino Unido[15], informa que es uno de los centros financieros y culturales más grandes del mundo, Es asimismo el centro más grande del país así como su principal centro académico, económico, político, patronal, de la moda, etc. Esta ciudad ha organizado asimismo los Juegos Olímpicos de Verano de 1968. Dieciséis delegaciones políticas[16], cuarenta municipios vecinos pertenecientes al Estado de México y uno perteneciente al Estado de Hidalgo, integraban a fines delsiglo pasado y principios de este de una forma socio-económica a todo el conjunto para darle ese status de "ciudad global".

---

[11] GRACIA SAIN, M. A., *El poblamiento de la zona metropolitana de la Ciudad de México,* tesis de doctorado en sociología, México, 2004.
[12] UNITED NATIONS, *2010 Estimates for the 2009 World Urbanization Prospects Report.*
[13] SECRETARÍA DE INDUSTRIA Y COMERCIO – SIC, *IX censo general de población 1970. Distrito Federal,* México, 1971.
[14] INSTITUTO NACIONAL de ESTADÍSTICA, GEOGRAFÍA e INFORMÁTICA – INEGI, *XII censo general de población y vivienda 2000. Distrito Federal,* México, 2000.
[15] TAYLOR, P.J., La regionalité dans le réseau des villes mondiales, *Revue Internationale des Sciences Sociales, Les villes géants,* 181 (2004), p.401-415.
[16] Cada "delegación política" integrada por un conjunto de colonias y barrios, tiene un jefe delegacional elegido por voto directo a partir del año 2000.

La ciudad fue fundada en el año 1325 en el centro del Lago de Texcoco bajo el nombre nativo de Tenochtitlan. Esta gran ciudad llegó a ser la capital del Imperio Azteca. Doscientos años más tarde, el año de 1521 presenció la conquista del imperio por los españoles. En 1535 el Virreinato de Nueva España se constituyó oficialmente, construyendo la nueva Ciudad de México sobre la antigua Ciudad de Tenochtitlan siendo encargada de la administración de todos los territorios españoles de América del Norte, América Central, Asia, y Oceanía. La dominación española sobre la ciudad – capital termina con la guerra de independencia de 1821.

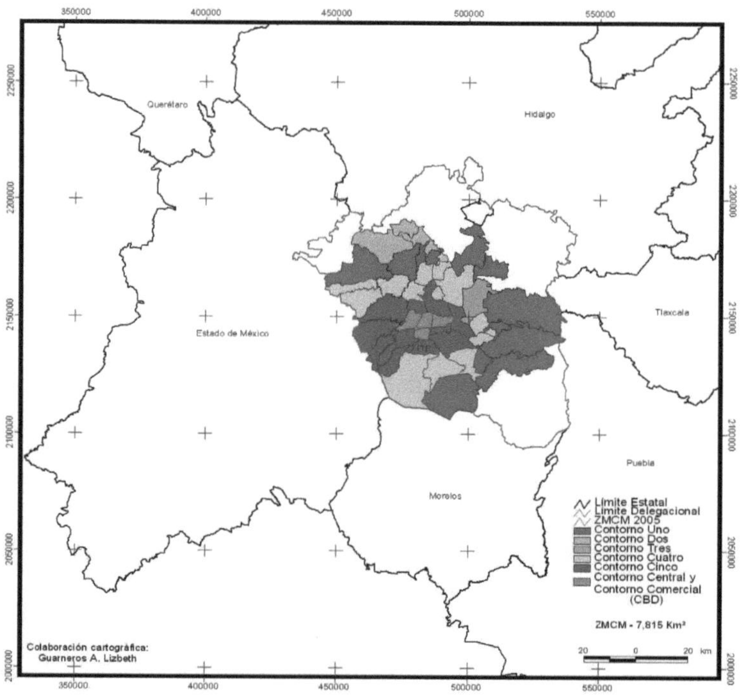

FIGURA 1. Zona Métropolitaina de la Ciudad de Mexico. Fuente : Secretaría de Desarrollo Social (SEDESOL, 2004 :60), basado sur Chávez, (1999: 236, 237)

Poco después, México es elegido como asiento de los poderes políticos de la unión. A partir de 1927 se le encarga la administración de la capital al presidente de la república a través de un departamento específico con un regente al frente. En 1993, un estatuto reconoció el derecho de los residentes de elegir una asamblea de representantes. Cuando la primera legislatura de la asamblea entró en vigor, los habitantes comenzaron a elegir cada seis años al gobernador de la ciudad al mismo tiempo que al presidente del país. No obstante los poderes del primero son limitados y sujetos a veto por parte del presidente o por parte del congreso de la unión. Este congreso considera a la capital feveral en condiciones de igualdad con el resto de los estados en el país.

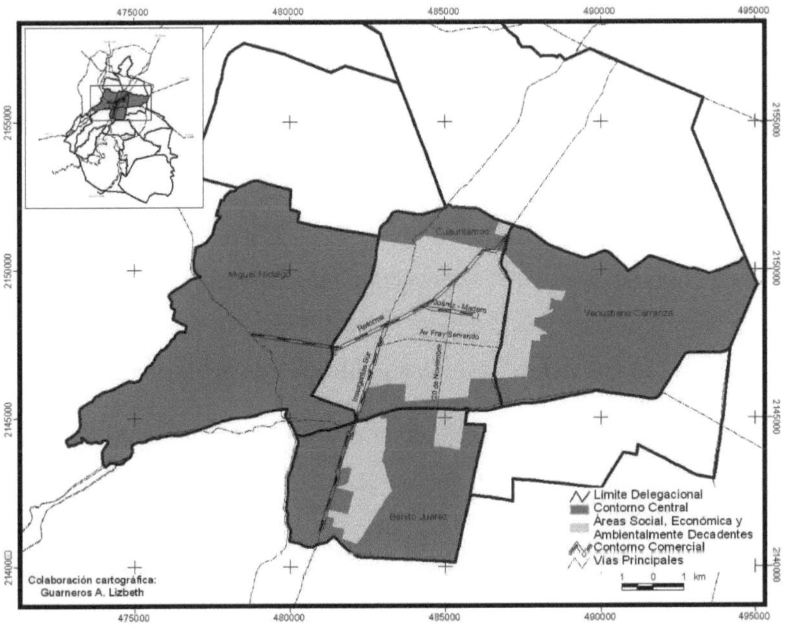

FIGURA 2. Centro de Ciudad de Mexico. Fuente :SEDESOL, 2004 :60

En ese contexto, durante el año de 1997 sus residentes utilizaron el derecho adquirido de elegir por voto directo al Jefe de Gobierno y a los miembros del congreso local por primera vez. A partir de ese momento, los habitantes de la gran ciudad han siempre elegido a jefes de gobierno de centro – izquierda o de izquierda para dirigirla.

b. Problemas urbanos. Desde el punto de vista de la geografía, la ZMCM es el conglomerado más poblado del mundo hispano. Según el Instituto Nacional de Estadística, Geografía, e Informática (INEGI – México) esta zona metropolitana poseía una población de 17.8 millones[17] distribuidos en una superficie de 7,815 Km2 en el año 2000[18] mientras que la Ciudad de México tenía una población total de 8.7 millones[19] sobre una superficie de 1,483 km2 también en 2000[20].

Esta situación altamente polarizada habla por sí misma del poder del fenómeno de expansión urbana en el espacio geográfico que aquí se trata. Un componente crítico de ese espacio ha sido el sector central de la ZMCM y consecuentemente de la Ciudad de México.

Actualmente este sector que se encuentra integrado por cuatro delegaciones políticas: Benito Juárez, Cuauhtémoc, Miguel Hidalgo y Venustiano Carranza ha experimentado una reducción muy significativa de población.

En 1970, el sector central disponía de una plataforma demográfica de 2.9 millones de habitantes mientras que en el año 2000 el mismo presentaba ya

---

[17] INSTITUTO NACIONAL de ESTADÍSTICA, GEOGRAFÍA e INFORMÁTICA – INEGI, *XII censo general de población y vivienda 2000. Distrito Federal,* México, 2000.
[18] UNITED NATIONS, *2010 Estimates for the 2009 World Urbanization Prospects Report.*
[19] GRACIA SAIN, M. A., *El poblamiento de la zona metropolitana de la Ciudad de México,* tesis de doctorado en sociología, México, 2004.
[20] GEOHISABELCD, https://geohisabelcd.wordpress.com/2012/06/ Online.

sólo 1.6 (una baja total del 41.7% de la población original[21],[22]). Esta desafortunada situación llegó como consecuencia del "olvido" del mantenimiento del sector central (el centro) en términos de programas de renovación de vivienda, empleo y servicios, para mejor implementarlos en la periferia. Ese "olvido" provocó un importante cambio en el equilibrio de lo ético y lo no ético (degradación) locales que ha alimentado un importante descenso en la calidad de vida (CDV) y del lugar (CDL) del espacio urbano citado acompañado de la reducción demográfica antes mencionada.

En términos de desarrollo la ZMCM (México) ha tenido un explosivo progreso sobretodo en la segunda mitad del siglo XX. Esta región creó más empleos en los sectores periféricos que en el central durante el periodo 1970 – 2005[23],[24],[25],[26],[27]. La creación de nuevos polos de atracción periférica permitió dotar a la población de esas zonas de más y mejores empleos que los tradicionales de servicios ofrecidos en el centro. La decepción de los residentes en el sector central se hizo evidente. Esa creación de polos por un lado fue considerada como una alternativa aceptable /dependiendo del caso particular), para eventualmente intentar disminuir los clásicos problemas de transporte para trasladarse a sitios de trabajo céntricos desde la periferia (tráfico, desperdicio de tiempo, contaminación atmosférica, etc.) asociados a una desenfrenada expansión sin control de la ciudad. Toda esa situación viene

---

[21] SECRETARÍA DE INDUSTRIA Y COMERCIO – SIC, *IX censo general de población 1970. Distrito Federal*, México, 1971.

[22] INSTITUTO NACIONAL de ESTADÍSTICA, GEOGRAFÍA e INFORMÁTICA – INEGI, *XII censo general de población y vivienda 2000. Distrito Federal*, México, 2000.

[23] SECRETARÍA DE INDUSTRIA Y COMERCIO – SIC, *IX censo general de población 1970 Distrito Federal*, México, 1971.

[24] INSTITUTO NACIONAL de ESTADÍSTICA, GEOGRAFÍA e INFORMÁTICA – INEGI, *X censo general de población y vivienda 1980. Distrito Federal*, México, 1984.

[25] *Ibidem, XI censo general de población y vivienda 1990. Distrito Federal*, México, 1991.

[26] *Ibidem, XII censo general de población y vivienda 2000. Distrito Federal*, México, 2000.

[27] *Ibidem, II conteo de población y vivienda 2005. Distrito Federal*, México, 2005.

finalmente a recaer sobre la relación entre el progreso prevalente y una serie de situaciones urbanas difíciles de manejar (i.e., nivel de revitalización a la fecha logrado frente a los conceptos de ética y de degradación citados con sus repercusiones sobre la CDV y CDL locales) en las colonias y barrios sobretodo más desprotegidos.

El aspecto socioeconómico en términos de condiciones de vida y estrategias de supervivencia ha jugado siempre un importante papel en la Ciudad de México, particularmente en los grupos de bajo ingreso. Este panorama ha caracterizado al desarrollo de algunas zonas en las colonias centrales de la misma. La consiguiente pobreza ha ejercido una poderosa influencia sobre el ambiente social de las zonas en donde los jóvenes crecen. La falta de ingresos adecuados ha forzado a algunos de esos jóvenes a abandonar la escuela para convertirse en "trabajadores independientes" (vendedores ambulantes por ejemplo), alentando así una reducción de lo ético debido al incremento en la degradación local. Un administración inepta e indiferente a los problemas señalados entre otros ha hecho difícil las cosas. Así una posición no ética traducida en delito, prostitución, drogas, ambulantaje, etc., se ha hecho presente como resultado directo del panorama tratado en ese lugar. Ese resultado ha tenido fuertes impactos en la sociedad mexicana hasta la fecha sobretodo en las de las ciudades más grandes del país y en particular en la capital. El sector central ha cambiado de polo de atracción a uno de rechazo.

c. Soluciones adoptadas. Los retos de tipo urbano que el desarrollo de México ha planteado son complicados de resolver. Le elevada contaminación atmosférica provocada por una gran circulación de vehículos automotores, una falta importante de agua, un deficiente tratamiento de desechos, etc., han también ejercido una significativa influencia en la dualidad ética – degradación en el espacio urbano de la capital nacional. Malas administraciones y gobiernos empeoran en la ciudad el panorama de expansión periférica y despoblamiento central difíciles en controlar y poderosamente experimentados por la misma. Esa expansión se ha dado en dos formas: 1. En la legalidad; y 2. En la ilegalidad. En términos de legalidad, los nuevos fraccionamientos periféricos en México son un ejemplo muy claro de expansión "planificada" que se ha dirigido a las personas con ingresos altos o medio altos. En términos de ilegalidad, los barrios pobres asimismo periféricos exhiben otra imagen muy distinta esta vez de expansión no planificada. Los dos casos mencionados han promovido colateralmente una fuerte segregación social, económica, y ambiental en México.

Para intentar resolver si no totalmente los retos enunciados, mejorando al menos parcialmente al problema de la mencionada degradación en todas sus facetas implícitas, el reciclaje del espacio urbano central ya construido, la adecuada dotación de servicios y de seguridad, bajo un marco ético y de buen gobierno se han transformado en retos adicionales para la ciudad. Para hacer frente a todos esos desafíos, el gobierno conjuntamente con la iniciativa privada ha puesto en práctica una serie de programas de renovación y de medidas para acceder a un ambiente urbano más satisfactorio en algunos de los distritos/colonias de la ciudad.

Así, en lo que se refiere al aspecto del acceso a una vivienda más aceptable y digna, la combinación pública/privada lanzó los programas de "Renovación Habitacional, etapas I y II" en octubre de 1985, de "Recuperación de Centro Histórico" en 1990, y "General de Desarrollo Urbano" en 2000 (Gobierno del Distrito Federal). De igual forma, más recientemente, el mejoramiento del sistema de abastecimiento de agua potable "Cutzamala" así como una reducción obligatoria de circulación de vehículos automotores según su matrícula de circulación con objeto de combatir más eficientemente la contaminación atmosférica se encuentran entre las más importantes acciones que a la fecha se han adoptado. Por una parte, el progreso que con esto se espera lograr tendrá como consecuencia un mejoramiento en la calidad de vida y del lugar acompañado de un paulatino y esperado proceso de re-densificación demográfica central. Pero por el otro, las repercusiones de un panorama demográfico caótico son importantes e inquietantes para la ciudad. El rol de primer plano que México va a jugar en el mundo hispano desde el mismo punto de vista de su futura explosión de población junto con acentuados procesos no éticos en términos de construcción informal (auto-construcción), servicios deficientes, inseguridad, desempleo, pobreza, contaminación, delito, drogadicción, etc., bien merecen que se le preste toda la atención posible para así tener la oportunidad de analizar y comprender las dificultades que esa ciudad encarará desde los puntos de vista geo-histórico, socio-antropológico, y filo-ético.

La obra se divide en cuatro partes. En la primera parte la misma habla de las ciudades inteligentes del siglo XXI. El concepto de ciudad inteligente y sustentable se apoya en la sociología y geografía urbanas, particularmente en lo referente a los procesos de densificación y expansión. Esta parte aportará un nuevo concepto de urbanización moderna que se integra a su medio ambiente natural. La finalidad de esta nueva visión es de situar a la antropología y la ética al servicio del hombre, al de su desarrollo, al de su bienestar y al de su dignidad. El hombre contemporáneo debe vivir en un ambiente saludable en donde la noción de ciudad inteligente y sustentable con la asistencia de las nuevas tecnologías de la información y de la comunicación – TIC, esté lista a proporcionarle una mejor calidad de vida a su nivel. De esta forma el siglo XXI conocerá así cada vez más a un conjunto de sociedades mejor integradas y sobretodo más seguras. Gracias a la noción mencionada antes, tendremos modernos asentamientos que deberán incorporar la ética del buen desarrollo desde el punto de vista social, económico, y ambiental. Esta primera parte analizará el origen del concepto de "ciudad inteligente y sustentable", algunos de los numerosos retos que implica y su diferencia con las ciudades tradicionales.

Posteriormente, en una segunda parte, la obra se concentrará en el análisis de los desafíos de tipo geo-histórico, socio-antropológico y filo-ético con el fin de responder a la siguiente interrogante de partida: **¿Cuáles serán los retos de ese mencionado tipo de ciudad para que nuestro mundo contemporáneo pueda dotarse de una red de ellas que sean inteligentes y durables?** En el marco de una nueva configuración urbana que promueva los conceptos de inteligencia y sustentabilidad, se mostrará de qué manera la ética puede imponerse.

En la tercera parte este libro se toca el aspecto de una nueva configuración urbana. Ciudades mucho más inteligentes y sustentables deberán ser capaces de contener y controlar la explosión demográfica esperada en el futuro, especialmente para el Caso dde la Ciudad de Máxico. Actualmente ellas no poseen la categoría de inteligentes ni sustentables dado que se encuentran en la de demográficamente muy extendidas en un espacio geográfico no densificado. Han sido construidas y organizadas sin tomar en consideración al fenómeno de densificación, dado que no se apoyan sobre una ética de desarrollo urbano. México según sus residentes, es una ciudad con fuerte desvalorización y delito (gangsters). Esta ciudad deberá en ese orden pasar de una expansión sin control a una densificación central para así poder incrementar la calidad de vida de todos y el respeto por el medio (incluyendo a la biodiversidad). Llegará a ser inteligente, durable y solidaria como lo pueden ser otras en el mundo, si acepta considerar e integras a las numerosas revoluciones de tipo ético, socio-económico, cultural, tecnológico (digital), político-administrativo, y ecológico entre otros vividas a lo largo de la historia de la humanidad.

Finalmente, bajo la perspectiva de la misma Ciudad de México como estudio de caso, en "Últimas Reflexiones" la cuarta parte tocará el porqué de un estudio de campo, los métodos de análisis (encuestas in situ) requeridos por el caso, los cuales son métodos que giran en torno al hombre, particularmente en torno a los ciudadanos mexicanos, por encima del mercado (del negocio). En esto se utilizarán enfoques interdisciplinarios como los que normalmente se usan en las ciencias sociales y geográficas. Con el propósito de hacer explícitos los resultados de las encuestas efectuadas esta parte se apoyará en una investigación estadística en términos de un análisis cuantitativo de frecuencias para contestar las preguntas heurísticas antes señaladas. El análisis cuantitativo se complementará e interpretará a través de otro cualitativo que analiza al muestreo de entrevistas realizadas (las encuestas) sobre una cuidadosa selección de personas residentes del sector tratado. Esto prácticamente es un análisis de contenido (*"content analysis"*) que tendrá como objeto, determinar los retos y respuestas a la probabilidad de adopción TIC por la ciudad. El cuestionario a emplear nos ayudará a comprender en cierta medida, el conjunto de interacciones que las respectivas poblaciones actualmente viven localmente así como la forma en la cual ellas hacen frente a sus necesidades y a los desafíos en sus espacios urbanos. El objetivo de la investigación in situ será de mostrar a los habitantes del caso de la conveniencia de adoptar el patrón de ciudad inteligente y sustentable con el propósito de disfrutar de una vida de calidad gracias a las nuevas ideas de la sociología y geografía urbanas así como a las de la historia, filosofía, antropología y ética apoyadas digitalmente. Dependiendo del caso, se intentará convencer con estos argumentos a políticos y legisladores de promover reglamentos que coadyuven a la creación de espacios más habitables no solo en la ciudad que compete sino en otras más de las grandes ciudades Mexicanas. El fin último es el de beneficiarse de un ambiente más saludable en términos de calidad de vida y calidad del lugar en función de un cuadro urbano mejor construido.

Es muy necesario que los humanos comiencen finalmente a vivir bajo una mejor comunicación y comunión permanentes con la naturaleza. En este sentido, las entrevistas en México tocarán diversos aspectos relacionados con la población, la seguridad, el empleo, la accesibilidad, el ambiente, la misma biodiversidad y el gobierno entre otros mas, para intentar promover un desarrollo que sea más sustentable y que abra así una puerta a la calidad de vida tantas vececes citada, a la que las poblaciones locales aspiran.

CAP. I. LAS CIUDADES INTELIGENTES DEL SIGLO XXI

Durante el siglo XX tanto las ciencias históricas, geográficas, arquitectónicas como las sociológicas (sociología urbana) no habían todavía desarrollado mucho el concepto de ciudad inteligente y sustentable. El *Dictionnaire d'histoire et de philosophie des sciences*[28] no habla del mismo. A pesar de ello, autores como Mesure en *Dictionnaire des sciences humaines* así como otros mas[29] hacen una reflexión sobre la ciudad pero sin asociarla a los conceptos de *inteligencia y sustentabilidad*. Se menciona a la ciudad a partir de la urbanidad y de la no-urbanidad (rural). Sin embargo, en todos esos enfoques existe una importante contribución que habla del origen, desarrollo y evolución de dicha ciudad. De esto, se puede discutir lo siguiente:

1. El desarrollo del concepto de urbanidad y por lo tanto del crecimiento de una ciudad, es el resultado de una necesidad económica. En este primer enfoque, el origen, expansión y desarrollo de la ciudad se relacionan al establecimiento, crecimiento, y vitalidad de las actividades económicas entre ciudades, áreas rurales, compañías, y residentes, en un determinado sitio geográfico. Una ciudad crece gracias a la circulación de gente, capitales, bienes y servicios. En un ambiente en donde las actividades económicas se encuentran en regresión, (i.e., estas existen menos o casi no existen), sería

---

[28] LECOURT, D., (Dir). *Dictionnaire d'histoire et philosophie des sciences,* Paris: QUADRUGE/PUF, 2006.

[29] MESURE S. et SAVIDAN P. (Dir.), *Le Dictionnaire des sciences humaines*, Paris : QUADRUGE/PUF, 2006, p.1218-1223 (ville) Cf. DEDIJER Stephan, « Au-delà de l'informatique, l'intelligence sociale » Stock, Paris, 1984; ROCHET Claude, Le bien commun comme main invisible : le legs de Machiavel à la gestion publique, Revue Internationale des Sciences Administratives, 2008/3 (Vol 74) ; Ibidem, "Qu'est-ce qu'une bonne décision publique ?" Éditions universitaires européennes, 2011 ; KROB Daniel, Éléments d'architecture des systèmes complexes, [in "Gestion de la complexité et de l'information dans les grands systèmes critiques", A. APPRIOU, Ed.], 179-207, CNRS Éditions, 2009.

difícil de hablar del concepto de ciudad. Sin actividades económicas, no se puede hablar de ciudad. La formación de la ciudad mercantil medieval fue un momento decisivo para la urbanidad. El surplus de la economía rural le dio un nuevo impulso a comercio y oficios en un contexto en donde la ciudad rencuentra a los mundos comercial y técnico por un lado y a un mundo rural más y más distinto por el otro. Sin embargo, es en el Renacimiento en donde suceden acontecimientos muy importantes y nuevos.

Un nuevo espacio surge para ahora convertirse por mucho en el centro fundamental de la vida urbana: el mercado. En ese contexto, las ciudades permanecen interconectadas entre ellas merced a la existencia de una red de caminos reales. Durante los siglos XVIII y XIX con el advenimiento de la revolución industrial, la trilogía fierro – carbón - máquina de vapor modifica profundamente las condiciones y lugares de producción de manufactura. Este profundo cambio llega acompañado de un significativo crecimiento de población urbana"[30]. Es en función de este enfoque, que el ambiente rural no desarrolla una suficiente urbanidad económica. De ahora en adelante se hablará de una ciudad únicamente si esta es capaz de generar ingresos provenientes de la autosuficiencia de sus residentes.

Este pensar "economicista" se impondrá como fundamental y central en el desarrollo de la ciudad. Históricamente hemos visto cómo algunas de las ciudades del mundo han fácilmente dejado de existir por falta de vitalidad económica. Detroit en los Estados Unidos de América está de hecho en cierta medida muerto en la actualidad por falta de actividad económica. No obstante, si bien que la definición de ciudad es tributaria de una filosofía

---

[30]STEBE J.-M., *La sociologie urbaine*, Paris : Presses Universitaires de France (PUF), col. Que sais-je ?, 2010, p. 6-7. Cf. STEBE J.-M. et MARCHAL H., *Traité sur la ville*, Paris : PUF, 2009, 784p. DE SINGLY F., *Sociologie Urbaine,* Paris, Collin, 2008, p. 264.

marxista y "marxisante", capitalista y "capitalisante" ¿es todavía posible hablar de ella desde un punto de vista exclusivamente económico sin hacer alusión a las interacciones sociales de los individuos al interior de la misma? ¿Se puede hablar de su origen, expansión y desarrollo sin hablar de sus relaciones sociales? En breve, la ciudad es una construcción social apoyada por el crecimiento, evolución y desarrollo de las actividades económicas en el cuadro de ciertas lógicas locales articuladas a la dinámica global de esas interacciones y relaciones de los individuos del lugar.

2. Un segundo enfoque complementa al primero al considerar a la ciudad como un laboratorio social que crece con objeto de romper la distancia entre los habitantes para así luchar en contra del aislamiento y la segregación. Mismo si la ciudad aumenta el aislamiento de todos aquellos que no tienen familia ni amigos, conexiones, o redes sociales fuertes, una ciudad es el resultado de la necesidad de interacción humana que no excluye a los intercambios económicos los cuales son una parte esencial de la estructura social. Una ciudad nace en determinado lugar para romper la distancia y promover las relaciones inter e intrapersonales de presencia, conexión y de cercanía o proximidad[31]. Los seres humanos a partir de este enfoque deben reconocer su "insociable sociabilidad" como lo indica Kant. En efecto,

"echarle un vistazo a la ciudad, es analizar las relaciones que atan a los individuos, explorar las relaciones de poder que existen entre ellos, descubrir el mal de una sociedad pero sobretodo, analizar las profundas causas de ese mal… Es finalmente explicar la urbanidad de una sociedad y de una época"[32].

---

[31] Proximidad, paradigma clave en sociologiía urbana. Cf. MINCKE C. et HUBERT M., *Ville et proximité*, Bruxelles : Facultés Universitaires Saint-Louis, 2011, 249p.
[32] BOURDEAU-LEPAGE L. (éd.), *Regards sur la ville. Préface d'Antoine Bailly*, Paris : Economica-Anthropos, 2012, p. 2 ; GRAFMEYER, Y. y JOSEPH I., *L'École de Chicago. Textos traducidos y presentados por Yves Grafmeyer e Isaac Joseph*, Paris : Éditions du Champ urbain, 1979, 234p.

Sin embargo, en la perspectiva de los ecologistas de la Escuela de Chicago Robert Park y sus colegas Ernest Burgess, Roderick McKenzie y Louis Wirth todos bajo la influencia de Charles Booth y Georg Simmel[33], la ciudad no sirve únicamente como conexión para romper la barrera de la distancia sino que igualmente es fuente de desorganización social, rupturas, segregación y de conflictos sociales.

Lo mismo afirman "biólogos tradicionales como Patrick Jeddes, el historiador Lewis Mumford, y urbanistas como Jane Jacobs; Bettencourt es el padre junto con Geoffrey West de los matemáticos de la ciudad que demuestran la existencia de crecientes externalidades (positivas y negativas) que ahí se han producido"[34].

Bajo esta perspectiva existen fenómenos al interior de la ciudad que realmente incrementan la distancia entre sus habitantes y que son la base de muchos problemas sociales tales como el delito, la perversión, la degradación, personas que mueren en ella de soledad, exclusión, abandono.

Este segundo enfoque atrae la atención sobre el asunto de la responsabilidad política. ¿Cuál es la tarea de las instituciones políticas al interior de una determinada y establecida ciudad? ¿Cuál es la contribución de los políticos en las externalidades positivas o negativas de una ciudad? ¿Cuál sería el trabajo de los municipios locales al interior de una ciudad? ¿Cómo esos municipios integran los valores éticos de la democracia, de la gobernabilidad abierta y transparente, de la vida privada y dignidad de la

---

[33] FIJALKOW Y., *Sociologie de la ville*, Paris : La Découverte, 2007.

[34] ROCHET C., *Les villes intelligentes. Enjeux et Stratégies pour les nouveaux marchés*, 10 de noviembre de 2014, p. 26. "Les classiques des sciences sociales", Una biblioteca digital fundada y dirigida por Jean-Marie Tremblay, profesor de sociología en Cégep de Chicoutimi Sitio web: http://classiques.uqac.ca/p.22. Consultado el 20/05/2018.

persona humana, de la responsabilidad y asimismo también de la justicia? (Proulx, 2003).

3. De este modo, un tercer enfoque es pertinente dado que sostiene que una ciudad encuentra su razón de ser en el desarrollo y el surgimiento de sus instituciones políticas, administrativas, y jurídicas. La ciudad se organiza a la vez como instrumento y modelo de gobernabilidad sobre el cual apoyarse u oponerse.

La ciudad se convierte de hecho en espacio de disputa y convivio entre distintas instancias políticas. Gracias a sus instituciones políticas, administrativas y jurídicas, la ciudad se convierte en una síntesis espacial de anomía y cohesión social como lo establece Durkheim. Es entonces asunto de los responsables políticos, administrativos y jurídicos entre otros de trabajar para poner fin a los problemas sociales de todo tipo que una ciudad de hecho genera. Los tres enfoques antes presentados permiten recordar los trabajos de Max Weber cuando él habla del origen de los tres tipos ideales de ciudad, de los factores económicos, sociales y político-jurídicos[35]. En relación al asunto económico en el tercer capítulo de su libro sin terminar, Weber sostiene que al término de "muy largas luchas" (p.34), dirigidas en contra de los poderes feudales, podemos distinguir que una nueva categoría de ciudad surge bajo este razonamiento: "la ciudad aristócrata"[36], dominada de hecho – y a veces también de derecho – por una categoría de notables[37] que ejercian un poder casi absoluto sobre la misma. En la Antigüedad, la conocida "ciudad

---

[35] WEBER M., *La ville*, Paris, La Découverte, coll. « Politique et sociétés », 2014, 280 p., traducido del alemán y presentado por Aurélien Berlan ; Éstudio critico francés por Aurélien Berlan ; postface d'Yves Sintomere, ISBN : 978-2-7071-7804-6.
[36] Ciudad habitada por aristócratas, las élites intelectuales que detentaban el poder, los privilegios, y las riquezas en oposición a los proletarios.
[37] Grupo social que detentaba el poder, los privilegios, la riqueza.

aristócrata" urbana[38] se formaba a partir de cierto criterio simbólico (como la pertenencia a un noble linaje o a una cierta "familia").

Por el contrario y como contraste con lo anterior, en la Edad Media se observa que la "ciudad aristócrata", que es en donde reinaba la "comunidad con status" se funda mas bien sobre criterios económicos: los aristócratas son "arrendadores" que usufructuaban propiedades rurales situación que fundamentalmente les permitía desarrollar alguna actividad profesional por lo que son los únicos "en disponibilidad" con recursos materiales muy suficientes como para encargarse de la elaboración de asuntos de política urbana[39].

A pesar de esos enfoques, hoy las relaciones entre los conceptos de *ciudad e inteligencia*, entre *ciudad y sustentabilidad*, permanecen difusos no obstante que están muy presentes en un proceso acelerado de urbanización apoyada por la modernidad y la globalización. *"Lo urbano globalizado"* puesto en evidencia por un número significativo de geógrafos, urbanistas y sociólogos, se caracteriza por la manera de pensar, de actuar y de sentir de forma cada vez más homogénea a través de múltiples redes de información y comunicación (como el internet, el teléfono, el transporte aéreo…). En este sentido, una nueva transformación invita a considerar el desarrollo exponencial de las nuevas tecnologías de la información y de la comunicación – TIC. Es en el contexto de esta nueva perspectiva de ciudades denominadas como

---

[38] En el diccionario francés Trésor: HIST. ROMAINE. Función del aristócrata. El estatus político hereditario se denominaba patriciado cuando en lugar de ser únicamente un estatus de poder o de función pública, era de hecho un poder o paternidad (dado que patriciado y paternidad tienen la misma raíz), que participa de la legislación, como en el caso de los Romanos (Bonald, Essai analyt., 1800, p.178).
[39] LOULI J., « Max Weber, La ville », Lectures, Les comptes rendus, 2014, en línea desde el 26 de diciembre de 2014, consultado el 21 de mayo de 2018. URL : http://journals.openedition.org/lectures/16572.

modernas[40],[41], verdadero archipiélago megalopolitano mundial como por ejemplo Nueva York, Tokio, Shangai, Londres, Paris, México,... que es posible concebir, pensar y hablar de ciudades inteligentes a la sombra de la noción del desarrollo sustentable.

¿Qué es lo que hay de inteligente en una ciudad? La inteligencia considerada como *progreso tecnológico* comenzó a utilizarse gracias al cambio causado por la televisión inteligente, el auto inteligente, el teléfono móvil inteligente, la informática y el asunto de la inteligencia artificial capaz de revolucionar la robótica industrial...

Como ya se ha antes indicado en la introducción de este primer capítulo, una ciudad inteligente será una ciudad que aportará soluciones racionales a numerosos problemas que el desarrollo urbano y la administración de una ciudad presentan. En este contexto, "si ahí las TIC son un componente principal, el futuro de la *smart city* contemplará la capacidad que una ciudad tendrá de llegar a ser inteligente poniendo en práctica nuevas formas de gobierno, que favorezcan la apropiación por parte de los usuarios de esos nuevos dispositivos, identificando modelos económicos viables que sostengan

---

[40] Sociólogos e historiadores hablan de tres revoluciones urbanas. La primera es la correspondiente a ciudades como Babilonia con 300,000 habitantes, Roma, y el imperio chino en la Antigüedad pagana. La segunda comienza en el año 1825 con la aparición del transporte motorizado y de ciudades que alcanzan un umbral de 3 millones de habitantes. Las megalópolis que alcanzaron este umbral fueron Londres, Paris, New York, Berlín. La tercera comienza en los años 1960, con la pluri-metropolización del mundo según la cual las metrópolis mundiales se encuentran conectadas en red (fenómeno de conurbación). « Por la primera vez en la historia de la humanidad, o sea después de 1960, las ciudades mundiales que conocen el mayor crecimiento demográfico, no son las más ricas sino todo lo contrario. Por la primera vez la polarización de poblaciones sigue una lógica relativamente diferente de la de la polarización de producciones. Asimismo por la primera vez también, se desarrollan sistemas urbanos a toda velocidad en regiones del mundo menos desarrolladas. En ese contexto se piensa en sistemas urbanos dominados por México, Lagos, El Cairo, Sao Paulo, Calcuta o Bombay ». TELLER L.-N., Révolution urbaine- Un monde fait de Métropoles, 1 avril 2006.
[41] STEBE J.-M., *La sociologie urbaine*, p.8.HAMMAN, P., *Sociologie urbaine et développement durable,* 2012.

ese desarrollo"[42]. La inteligencia de una ciudad se concibe asimismo en el contexto de su capacidad para innovar y administrar sus infraestructuras urbanas estimulando la participación ciudadana e inclusiva en la construcción de la sociedad.

¿Qué cosa es la sustentabilidad? La sustentabilidad de una ciudad inteligente en relación a ella misma, consistiría en desarrollar una economía digital significativa apoyando las transacciones sociales y las relaciones intersubjetivas a través de la elaboración de políticas y leyes que faciliten el desarrollo urbano reciclable basado en una administración abierta, transparente y sana.

¿Por qué debemos de hablar de ciudades inteligentes y sustentables, cuál es el objetivo? En este orden, seria bueno desarrollar lo mejor posible aquí ese concepto ilustrado de ciudad inteligente y sustentable. Para tal fin, se ha identificado mínimamente a tres factores que se encuentran relacionados a los tres enfoques vistos de ciudad inteligente: la tecnología, la innovación y la participación ciudadana e inclusiva... que nos permitan reconocer a una ciudad como inteligente y sustentable:

1. Una ciudad es inteligente y sustentable si ella es capaz de proporcionar a sus residentes una buena calidad de vida en cuanto a la relación persona – lugar. Es inteligente y sustentable si ella es capaz de proporcionar a sus residentes condiciones existenciales favorables en términos de aceptación, adaptación, mejoramiento y seguridad gracias al desarrollo de tecnologías de información y comunicación (TIC).

---

[42] « La ville intelligente : état des lieux et perspectives en France », *Études et Documents* n° 73, 2012, CGDD, p. 3. Cf. Définition de la ville : LOUISET O., *Introduction à la ville*, Paris : Armand Colin, 2011, 189p.

2. ella es inteligente y sustentable si se presenta asimismo como un espacio innovador que favorece gracias a lo digital, la calidad de vida y las relaciones constructivas. Ella es tal, si promueve las condiciones existenciales de lugares creando y apoyando relaciones intersubjetivas que incrementen la antes citada calidad de vida de sus habitantes. En esto, es una vez más la tecnología la que puede facilitar tal innovación.

3. Finalmente, ella será considerada como una ciudad inteligente y sustentable si motiva a sus habitantes a actuar inclusivamente en el contexto de un desarrollo sustentable y por tanto reciclable que favorezca asimismo el desarrollo de TIC. Al interior de tal ciudad, seríamos testigos de un respeto por la ética urbana y por el medio ambiente[43] que crecería con objeto de mejorar la calidad de vida respondiendo a los desafíos suscitados al margen del desarrollo de la ciencia y de la tecnología.

I. LA CIUDAD INTELIGENTE, ESPACIO DE ACEPTACIÓN, ADAPTACIÓN Y SEGURIDAD COMO CONSECUENCIA DE LAS TIC

Cuando se quiere cambiar de residencia (mudarse) dentro de una ciudad para progresar, en general se consideran actualmente a diferentes aspectos tales como la existencia en el nuevo destino entre otros de:centros comerciales, de centros de educación y de formación profesional, así como de centros de servicios municipales para los residentes. Si en el pasado se tomaba principalmente en cuenta a la proximidad de las actividades económicas para poder instalarse y mejorar, hoy en día se toman asimismo en

---

[43] *Éthique et développement durable*, Paris : L'Harmattan, 2010, 141p.

cuenta otros criterios como la tecnología que transforma a la calidad de vida de los habitantes de una ciudad inteligente y sustentable. Esta misma para ser más atractiva al público, deberá tomar muy en cuenta a ambos: la proximidad económica y el desarrollo tecnológico.

Por una parte, la proximidad a las actividades económicas sigue siendo muy importante en la gama de alternativas de habitación de una ciudad. No obstante, la proximidad sola no basta, dado que es necesario que otros puntos intervengan como el concepto de densificación para que una ciudad responda a los criterios de inteligencia y sustentabilidad indicados. La densificación en función a la expansión urbana sin control se convierte en una de las condiciones asimismo importantes para que la citada ciudad se convierta en inteligente y sustentable. Una adecuada densificación respetara más los espacios verdes periféricos (rurales) para dedicarlos por ejemplo a la agricultura pero también permitiría integrarlos al interior de la ciudad en techos y casas así como en sitios de esparcimiento con objeto de proporcionar a los habitantes la misma calidad de vida y salud habladas. Todo eso exigiría que la proximidad a las actividades económicas y la innovación se articulen con la densificación con objeto de evitar en lo posible la copia de modelos extranjeros a nivel de urbanismo y arquitectura para superponerlos al contexto cultural de cada continente, país y ciudad.

Si las ciudades inteligentes y sustentables necesitan insertarse dentro del contexto portador de una historia y de un capital social exclusivo, la proximidad y la innovación, "se pueden correlacionar a su capacidad para integrarse a un patrimonio cultural distinto mas que copiar el urbanismo y la arquitectura extranjera para uso del turismo y del mundo de los negocios. Uniformar ciudades indica en ese sentido una ausencia de creatividad e innovación"[44]. Esa proximidad e innovación deben por otra parte igualmente considerarse dentro de un contexto cultural moderno y propio (que es el nuestro), científico y tecnológico.

A) Centros comerciales.

Los centros comerciales contribuyen a que una ciudad sea considerada inteligente porque los residentes tienen todo a su alcance (comprar, vender, o mismo comer ahí si ellos así lo desean) sin necesidad de grandes desplazamientos. De la misma forma que en los tiempos de las migraciones prehistóricas e históricas, en donde las poblaciones se instalaban cerca de los lagos, afluentes, ríos, mares, y océanos para la pesca; cerca de los bosques para la caza; cerca de las praderas y montañas para la agricultura, este antiguo diseño no ha cambiado nada, sino que al contrario, se ha perfeccionado gracias al desarrollo de la tecnología de la información y la comunicación (TIC). Al interior de las ciudades las personas actualmente también se mudan para mejorar, a lugares en donde ellas pueden encontrar tiendas de comestibles (supermercados) cerca, en donde haya centros comerciales con bancos, cajas de ahorros, etc., (finanzas), y en donde se organicen ferias de toda índole. Como una ilustración en este trabajo se piensa que si los bancos se alejaran de los centros comerciales esto sería muy molesto y muy inconveniente para los usuarios.

Los centros comerciales colaboran a mantener a la gente en las ciudades. Si dichos centros fueran ubicados lejos del espacio urbano, esto no ayudaría a que nuestra ciudad fuera una lo suficientemente atractiva y funcional. Aparte

---

[44] ROCHET C., *Les villes intelligentes. Enjeux et Stratégies pour les nouveaux marchés*, 10 de novembre, 2014, "Les classiques des sciences sociales", Una biblioteca digital fundada y dirigida por Jean-Marie Tremblay, profesor de sociología en Cégep de Chicoutimi Site web: http://classiques.uqac.ca/p.22. Consultado el 20/05/2018.

de la alimentación y las finanzas, muchas otras actividades que la gente necesita se encuentran ahí como exhibiciones de todo tipo (vehículos, vestido, zapatos), comida preparada (restaurantes, cafeterías), etc.. Los centros comerciales con todo eso apoyan las relaciones humanas y sociales por una parte, mediante el comercio, pero también rompen la barrera de la distancia y luchan contra el aislamiento y anonimato en las grandes ciudades. Por otra parte, dado que se puede encontrar casi de todo en un centro comercial, al buscar medicamentos, bebidas alcohólicas y no alcohólicas, cigarros, etc., por ejemplo, se pueden encontrar ahí también fenómenos que conduzcan a una posición no ética en términos de robo, delito, etc. En un contexto que es el nuestro de la globalización de la tecnología TIC, no se concibe una ciudad inteligente y sustentable que no sea digital. Sería en ese contexto ilógico abandonar a una ciudad como la citada si ella proporcionara una vivienda accesible a sus habitantes, trabajo al nivel requerido por ellos, un sistema de salud capaz de atender oportunamente a sus residentes sin dejarlos padecer en salas de servicios de emergencia con esperas interminables, un sistema de educación bien planificado al servicio del futuro de los niños tanto ricos como pobres, un sistema vial y de transporte moderno bien administrado y planificado, agua potable accesible para todos, un servicio de reciclaje y de eliminación de deshechos y aguas negras, una buena infraestructura y vialidad, etc.[45].

Bajo esta perspectiva, el enfoque tecnológico tendría la ventaja de apoyar al movimiento de ruptura con el enfoque tradicional, al especificar que una ciudad inteligente conlleva un cambio radical en nuestra forma de concebir el concepto de urbanidad para enfrentar al fuerte crecimiento demográfico que

---

[45] Son rutas principales de tipo rural que cruzan por regiones agrícolas.

sucede a escala mundial así como a los numerosos desafíos económicos y ambientales exacerbados por el fenómeno de globalización citado. Esta es la razón por la cual en esta obra se ha seleccionado a una de las grandes ciudades mundiales para ilustrar esta situación: México una ciudad situada en el hemisferio Norte correrá un riesgo real de explosión demográfica al umbral 2050 por lo que tendrá fuertes problemas económicos con reducciones significativas de espacios funcionales en áreas grises (construcción) y verdes (vegetación), implicando sobretodo estas últimas muy serios disrupciones ambientales.

La lógica que incide en el desarrollo y adopción de soluciones emanadas de las TIC en relación a los problemas antes citados, se puede resumir en dos grandes categorías: una lógica de oferta y una lógica de demanda. Con respecto a la **primera gran categoría de oferta,** la tecnología es el principal motor en materia de cambio (*"oferta-push"*). Por ejemplo, todo lo que se ha expuesto sobre la ciudad inteligente está fuertemente orientado por las empresas de alta tecnología. Las alternativas de elección para los municipios pueden rápidamente terminar cautivas por la lógica de la oferta tecnológica, en donde las aplicaciones disponibles definen al campo de posibilidades. Esta lógica llega a su paroxismo en las ciudades del Sud-Este de Asia como en Songdo en Corea del Sur.

Con respecto a la **segunda gran categoría de demanda,** son mas bien las necesidades y preferencias de la sociedad en general, de las organizaciones, o de los individuos, que son el motor del desarrollo de la tecnología mencionada y de su implantación (*"demanda-pull"*) las que la representan. Esta lógica actualmente se presenta más específicamente basada sobre las necesidades en este caso de los ciudadanos y la otra sobre las preferencias de los mismos. En la primera versión colectiva, la lógica de la demanda sitúa en primer plano no solo a los requerimientos de los individuos sino a los retos sociales y políticos a los que por ejemplo los municipios de Quebéc en el Canadá hoy se enfrentan. Esta lógica obliga a considerar diferentes modelos de ciudad inteligente para responder a su vez a los diferentes requerimientos de los mismos municipios[46]. En la versión fundamentada en las preferencias de los individuos, la lógica del consumidor con sus iniciativas y acciones sin coordinación, los convierte asimismo en los motores de incorporación TIC. La ciudad inteligente busca así responder a la demanda, real o percibida de los ciudadanos "conectados", apoyándose notablemente en el supuesto de que su número que va en aumento utilize los teléfonos inteligentes, las aplicaciones móviles y el internet entre otros, para organizar sus actividades y administrar la información de diferentes aspectos existentes en su vida personal y profesional.

En breve, las ciudades inteligentes y sustentables no sabrían cómo existir sin la proximidad de centros comerciales urbanos capaces de satisfacer a sus habitantes, requiriendo digitalizarlos con objeto de alcanzar así una mejor calidad de vida para la gente a través del desarrollo de la ciencia, tecnología e innovación.

B) Centros de educación y de formación profesional.

Igual que en las antiguas sociedades de tipo tradicional en las que la gente se iba a vivir como se cita al lado de cursos de agua, bosques, praderas y montañas para educar bien a jovencitos y jovencitas preparándolos para la

---

[46] Commission de l'éthique en science et en technologie, *La ville intelligente au service du bien commun. Lignes directrices pour allier l'éthique au numérique dans les municipalités au Québec*, Québec : 16 juin 2017, p. 12.

vida adulta con objeto de que empezaran a asumir ciertas responsabilidades en la sociedad, hoy en día esa situación tampoco ha cambiado. Lo único que esa situación ha logrado es de modernizarse, refinarse y transformarse gracias al desarrollo de la tecnología. Para satisfactoriamente retener a personas y familias en las ciudades modernas, es conveniente que estas últimas puedan cohabitar también al lado de escuelas, centros de educación y formación profesional, para así facilitar mejor el futuro aprendizaje de sus hijos. Estos últimos sin embargo después de haber terminado su formación y estudios, necesitarán trabajar en compañías y/o asociaciones públicas o privadas. En ese sentido, sería muy bueno que todas esas compañías públicas, privadas, igual que las industrias, la manufactura, etc., fueran más accesibles para así permitirle a la gente de forma igualitaria tanto a jóvenes como adultos, acceder a posiciones suficientemente remuneradas que les garanticen su futuro evitando en lo posible la segregación.

Bajo este criterio no se debería geográficamente tampoco segregar a los sitios de educación y de formación profesional manteniendelos alejados de los usuarios. Similarmente, no se debería habitar en sitios en donde no se pueda trabajar según cierta lógica. Se debería habitar en donde se trabaja y en donde se pueda establecer relaciones de tipo social para el bienestar común. "Las personas deben poder vivir en donde trabajan y el consecuente desarrollo debe girar por lo tanto alrededor de ello"[47].

Adicionalmente, es gracias a la educación y a la formación técnica profesional por ejemplo, que los habitantes de una ciudad pueden adaptarse a las necesidades del medio aceptando vivir en ambientes escogidos para así

---

[47] ROCHET C., *Les villes intelligentes. Enjeux et Stratégies pour les nouveaux marchés*, 10 noviembre 2014, "Les classiques des sciences sociales", Consultado el 20/05/2018.

mejorar su experiencia adecuándola a los requisitos profesionales existentes de esa ciudad. Todas las instituciones de enseñanza y aprendizaje en ese contexto pueden igualmente llegar a ser más atractivas a la sociedad si adoptan a la informática en su crecimiento. En función del desarrollo de la tecnología y la comunicación, la enseñanza y aprendizaje progresan con ventaja, pudiendo así por comenzar estudiando desde casa apoyándose en el internet para por ejemplo inscribirse en universidades de tipo virtual y obtener los respectivos diplomas que coadyuven a perfeccionar las diferentes capacidades de todo mundo.

La educación y formación profesional pueden contribuir en ese panorama a crear en el ambiente en el que alguien se encuentre, una ciudad inteligente y sustentable dado que ellas le permiten a la gente de realizar día a día un auténtico avence permanente y dinámico para llegar a ser más eficiente. Una ciudad densificada, digital y por este hecho innovadora, facilitan que la educación y la formación profesional y técnica esté al alcance de todas las personas. El hecho de que hoy en día la educación y formación del individuo estén disponibles de manera remota, sobrepasando fronteras y ciudades, no impide que una ciudad inteligente deba continuar promoviendo la educación en el lugar mismo de enseñanza en donde se encuentra. El objeto será el de complementar el progreso de las instituciones universitarias dedicadas mismo a la investigación.

En una ciudad de este tipo, la educación no sería más un asunto aislado e individual, sino que se convertiría fundamentalmente en un asunto colectivo. Toda la sociedad en conjunto apoyaría la educación de los habitantes creando al interior de la ciudad, suficientes espacios educativos y de formación. Son las sociedades tecnológicas de las que se habla una vez más en esta obra aquí, "las que buscan colocarse como las mejor equipadas para administrar las nuevas estructuras urbanas. Según esta visión, para que las diferentes ciudades superen ese desafío, la tecnología a aplicar debe de estar integrada y conectada a una red de sistemas de interface. Las iniciativas TIC se presentan en ese contexto como las que pueden de una manera natural ofrecer tales servicios. Por ejemplo, ellas adicionalmente pueden ofrecer servicios de administración de datos producidos por medio de redes conectadas o aún servicios de mantenimiento de infraestructuras urbanas"[48].

Al interior del modernismo y en un contexto de globalización de las culturas científica y tecnológica, esas iniciativas vienen a cambiar nuestras tradiciones y costumbres para convertirse en algo más atractivo para asistir a la glorificación de la ciudad de la inteligencia estableciéndose así de forma sustentable.

C) Centros de servicios municipales.

Si bien el medio educativo contribuye a la inteligencia y sustentabilidad de las ciudades modernas, los centros de servicios municipales son igualmente contribuyentes e importantes. Ellos están al servicio de los ciudadanos y del gobierno de la ciudad. Los ciudadanos necesitan habitar con servicios municipales por su seguridad pero también para satisfacer sus necesidades tanto personales como de tipo político, administrativo y jurídico. El reto aquí será de invitar a gobernantes y gobernados a adoptar los dispositivos de ciudades inteligentes. "En otras palabras, el acceso a una gama de servicios más diversificados, convierte al ciudadano – usuario – trabajador en productor de información al proporcionar su experiencia sobre el estado del funcionamiento de esos servicios. El uso de esos sistemas de información y de los medios de información *"inter náuticos"* permite al ciudadano – usuario – trabajador de informar a la comunidad por ejemplo de una avería técnica, de un mal funcionamiento, creando con eso un circuito de retroalimentación que

---

[48] Commission de l'éthique en science et en technologie, *op. cit.,* p.13.

va de usuarios a proveedores de servicios. En el plan de gobernar, el acceso facilita las informaciones *"open data"* (lo que responde al imperativo de transparencia de las actividades públicas), así como la posibilidad gracias a las TIC de una creciente interacción entre la política y el residente en el cuadro igualmente de una mayor participación de las partes. La ciudad inteligente y sustentable es aquella que dirigirá la creación de un espacio público digital en donde el ir y venir entre gobernantes y gobernados se incrementaría[49].

Si el objetivo del gobierno es de digitalizar los servicios de los ciudadanos, los gobiernos municipales deberán ser más democráticos, es decir, abiertos, descentralizados y una vez más, transparentes en una ciudad inteligente. No hay nada mejor para los ciudadanos que ver que los servicios necesarios se encuentran al alcance de todos. En un contexto de proximidad social, esos mismos ciudadanos podrán acercarse más a sus políticos para conocer mejor lo que ellos realizan encontrándose estos últimos más próximos a los primeros para colaborar más eficientemente con ellos. Bajo esta visión, la transparencia política se presentará no como un ideal sino como un recurso sobre el cual descansarían las democracias contemporáneas[50]. Los habitantes en efecto, podrán acceder a los servicios administrativos de toda índole en ese contexto, de una forma rápida y en poco tiempo: pasaportes, documentos de viaje, tarjetas de identidad, pudiendo asimismo acudir fácilmente a cortes y tribunales con jueces, notarios, abogados, hombres y mujeres implicados en leyes... todo gracias a las proximidad que crea la ciudad inteligente y sustentable. Los servicios municipales trabajarían por el bienestar de los

---

[49] « La ville intelligente : état des lieux et perspectives en France », *Études et Documents*, p. 3.
[50] ROSANVALLON P., *La contre-démocratie. La politique à l'âge de la défiance*, Paris : Éditions du Seuil, 2006, p. 262.

residentes debiendo estar disponibles especialmente en momentos de necesidad. La noción de ciudad inteligente y sustentable colaboraría en prevenir lo mejor actividades negativas al aproximar a las personas unas con otras con objeto de conocerse mejor y así comunicarse más fácilmente en casos de emergencia. Los servicios de seguridad con su presencia y proximidad protegerían mejor al público. De hecho, la seguridad sea esta social, económica, ambiental, es el dominio de un derecho sobre diferentes sectores como el del desarrollo de un capital social, de un espíritu de civismo, de la educación etc.[51]

La proximidad de todo esto propiciará que la protección de los habitantes o ciudadanos en distintos ordenes se incremente. En ese contexto se espera por ejemplo que los inútiles decesos causados entre otros por la ineficiencia y retardos de atención en los servicios de emergencia tales como bomberos, hospitales, policía, pudieran disminuir. Así, gracias al desarrollo, asistencia oportuna y una más amplia coberturta TIC , muchos servicios capaces de asegurar a la comunidad perfeccionarían en atención.

II. LA CIUDAD INTELIGENTE COMO LUGAR DE RELACIONES INTERSUBJETIVAS GRACIAS A LA INNOVACIÓN TECNOLÓGICA

Si las ciudades inteligentes y sustentables son espacios de aceptación, de adaptación, y de seguridad, ellas son paralelamente espacios de relaciones inter-subjetivas. La intersubjetividad es parte del vocabulario filosófico

---

[51]ROCHET C., 2011, p.22.

introducido por el filósofo alemán Husserl[52] para designar a una pluralidad de personas que se comunican entre ellas, que comparten un mundo común presente en la conciencia de cada una. No se trata de la experiencia de una sola persona aislada sino mas bien de la experiencia de un ser en relación a otros. El concepto de intersubjetividad como dimensión social que promueve la ciudad inteligente y sustentable, se apoya en una dimensión digital. En esta parte de la obra, compartir (participar) conlleva inclusión por lo que favorece más la comunicación con los semejantes para poder construir juntos la sociedad de hoy y del futuro.

A) ¿Qué significa una economía de participación?

La imagen de ciudad inteligente implica primera y fundamentalmente a su concepción como un espacio común compartido por todos los ciudadanos que lo habitan en condiciones de igualdad y justicia. El concepto de compartir es pertinente e importante porque nos invita a recordar que todos vivimos en el mismo planeta – tierra el cual debemos distribuir de una forma equitativa. Así este planeta – tierra, denominado comúnmente por el filósofo francés Edgar Morin como la sociedad – mundo, necesitará para surgir de cierta infraestructura de comunicación, técnica y económica: el internet. Este último "se convierte en el borrador de una red neuro-cerebral, semi – artificial de una sociedad – mundo"[53]. La gente no comparte solamente los mismos servicios comerciales, educativos, y municipales sino que también vive una economía de participación, una economía inclusiva y colaborativa diaria, que se desarrolla más, gracias al progreso de la tecnología. Aquí, la tecnología

---

[52]HUSSERL, E. (trad. Mlle Gabrielle Peiffer, Emmanuel Levinas), *Méditations cartésiennes : Introduction à la phénoménologie*, J.VRIN, coll. « Bibliothèque des textes philosophiques », 1986, 136 p.
[53] MORIN E., *La méthode.6.Éthique*, Paris : Éditions du Seuil, 2004, p. 210.

contribuye a darle importancia al concepto de *espacio público* como a un espacio público de encuentro. La tecnología en lugar de alejarnos de ese espacio urbano, nos renvía a un encuentro con "el otro", a un encuentro con otros seres humanos como nosotros.

Durante décadas, nos indica Jan Gehl, el urbanismo no ha tomado en cuenta a la dimensión humana de la ciudad, sino mas bien a otros aspectos como el del alza fulgurante de la circulación vehicular. Adicionalmente, las corrientes ideológicas de la planificación urbana (en particular el modernismo) le han acordado poca importancia al espacio público, al transporte colectivo, a los traslados en bicicleta, a pie, y en general al papel de la ciudad como lugar de encuentro para ciudadanos[54]. En fin, las fuerzas del mercado así como las tendencias arquitectónicas asociadas se han poco a poco desinteresado de las interacciones humanas y de los espacios comunes para mejor abordar edificios por separado.

En ese proceso, estos últimos han terminado auténticamente cortados de su entorno urbano, concentrándose más hacia su interior lo que los hace cada vez menos receptivos. En casi todas las ciudades, poco importa su localización geográfica, el vigor de su economía, o el nivel de desarrollo, ya que las personas que utilizan el espacio urbano se han encontrado más y más abandonadas. Límites de espacio, obstáculos, ruido, contaminación, riesgos de accidentes, y condiciones de vida generalmente desagradables, han llegado a ser lo normal para los ciudadanos en la mayoría de las grandes ciudades del mundo. Esa tendencia no ha solo restringido las posibilidades de recurrir por ejemplo a la caminata como medio de transporte, sino que ha igualmente

---

[54] GEHL J., *Pour des villes à l'échelle humaine. Préface de Jean-Paul Lallier. Traduit de l'anglais par Nicolas Calvé.* Montréal : Les Éditions Écosociété, 2012, p.14.

puesto a las funciones de tipo social y cultural del espacio urbano en estado de sitio. Es así que se ha limitado, amenazado lo que significa abandonado, a la tradicional función del mismo espacio urbano como lugar de rencuentro ciudadano. En el contexto de la pandemia vivida, el espacio urbano ha sido más abandonado que nunca. Tal pareciera que hoy en día se encontrara en decadencia debido a las medidas de higiene y distancia social sin futuro alguno. ¿Qué tanto vale hoy dicho espacio?[55]

En ese orden es prudente señalar que una economía de participación no será más una de trueque sino mas bien una que descansará fundamentalmente en la reducción de las distancias en función de medios de comunicación tales como fax, correo electrónico, teléfono inteligente… y de transporte como el autobus inteligente, el tren inteligente, el avión inteligente, internet… Las personas en proximidad podrían así intercambiar bienes y servicios para mejorar su forma de actuar y de vivir. Gracias a este tipo de economía, el espacio urbano adquiere sentido y futuro. Gracias a una economía de participación, las personas podrían más fácilmente salir de un egoísmo individualista para compartir con otros sus bienes, sus servicios, su inteligencia, su saber - vivir, su saber – hacer, su saber – ser, su capital social. En síntesis una economía de participación no se desarrolla sin la existencia del espacio urbano. Este último produce un saber urbano que es necesario tanto para el desarrollo de ese tipo de economía como para el futuro de nuestros centros urbanos. Gracias a una economía de participación, las personas romperían su exclusivo clan afectivo, su tribu, su etnia, su racismo, para compartir con los habitantes de una misma ciudad, una misma sociedad

---

55 Radio-Canada La pandémie signe-t-elle la mort des centres-villes? Survie des centres-villes, Marie-Christine Trottier et Rachida Azdouz. Est-ce la mort des centre-villes? Discussion avec des experts en urbanisme, consultado el 28 agosto de 2020 à 09 h 08.

global, un mismo mundo. En ese contexto, la economía de participación se apoyaría en redes y conexiones para poder intercambiar con los miembros de su red que viven en una misma sociedad global. "Al considerar a la ciudad como a un ecosistema complejo vivo de relaciones sociales, consideraríamos asimismo a la inteligencia de la misma a partir de las interacciones que sus habitantes puedan mantener entre ellos; el diseño de una ciudad llega a ser así un problema de modelización de sistemas complejos más precisamente uno de sistemas de sistemas"[56] como con anterioridad se ha mencionado.

Bajo esa perspectiva, las ciudades inteligentes y sustentables se conciben como a un sistema organizador de subsistemas como el subsistema humano, el del agua, de la energía eléctrica, del gas, de la alimentación, del transporte urbano e interurbano, de la salud, de la educación, de los programas profesionales, de la vivienda, de la economía, de la cultura, de la recreación, de los deportes,… Es altamente conveniente administrar lo mejor a todos esos bienes y servicios con inteligencia para lograr una creciente sustentabilidad de la ciudad inteligente.

Con esa perspectiva podemos pensar en la existencia de un "ecosistema urbano' por analogía al ecosistema natural, construido por el hombre, integrando al conjunto de elementos constitutivos de una ciudad que interactúan de forma natural e inherente entre ellos y su medio ambiente en un estado global de equilibrio que permite la sustentabilidad de la misma ciudad en sus intercambios con el conjunto antes citado: extracción de recursos, creación de bienestar y riqueza, reciclado de deshechos, drenado de aguas negras,… .

---

[56] GEHL J., *Pour des villes à l'échelle humaine. Préface de Jean-Paul Lallier. Traduit de l'anglais par Nicolas Calvé.* Montréal : Les Éditions Écosociété, 2012, p.14. p.26.

B) La participación conduce a una mayor comunicación y solidaridad.

La ciudad inteligente asiste asimismo a una mejor comunicación entre los ciudadanos que habitan los mismos espacios urbanos. En ese contexto propicia no solamente la comunicación de tipo vertical con las autoridades de la ciudad sino también a una de tipo horizontal entre ciudadanos y ciudadanos y entre ciudadanos y visitantes. Tanto la comunicación vertical como la horizontal favorecen las relaciones intersubjetivas al permitir a unos y a otros de sentirse tomado en cuenta, integrado a las multiformes y variadas redes del sistema ciudad inteligente y sustentable.

Una ciudad que resulta apreciada y atractiva no es fundamentalmente por sus edificios, casas, decoraciones, rascacielos, etc., no obstante que todo ello sea importante y maravilloso, sino mas bien porque las personas se sienten felices de habitarla. Si Gehl indica que *el hombre es la felicidad del hombre*[57], este libro agrega que *el hombre es la felicidad de la ciudad.* Se ama a una ciudad porque sus habitantes son amables y acogedores. Es indiscutible que una ciudad atrae a visitantes y turistas por sus monumentos históricos, decoración, museos, etc. pero también porque los hombres y mujeres que ahí viven son amistosos.

Hay que admitir que si una ciudad bella e interesante es administrada por gente racista, violenta, y criminal muy pocos se atreverían a aventurarse ahí. En ese caso buscaríamos una mejor opción en otra parte, alejandonos de los racistas y de esa ciudad. Gehl continúa con su excelente referencia de como la ciudad históricamente ha sido un sitio de encuentro y de vida, un espacio simbólico cargado por lo tanto de historia y un lugar de memoria colectiva

---

[57] GEHL J., *op. cit.,* p. 35.

para las generaciones de familias que ahí la habitan. "Durante casi toda su historia, las ciudades han sido sitios de rencuentro para sus habitantes en muchos aspectos. Los ciudadanos se reunían para actualizar las noticias, efectuar transacciones, organizar matrimonios,… Los artistas callejeros divertían a los transeúntes, a quienes los comerciantes les vendían sus mercaderías La gente tomaba parte en diferentes eventos, hayan sido estos modestos o de envergadura. Procesiones se daban lugar, el poder se manifestaba, las celebraciones así como los castigos se desarrollaban en público. Todo sucedía en las plazas públicas. La ciudad era por tanto el lugar del encuentro social.

A pricipios del siglo XX el espacio urbano conservó esa posición como importante lugar de encuentro hasta que los ideales del urbanismo modernista la modificaron a través de la invasión de la ciudad por el automóvil. El asunto del "decline y de la supervivencia de las grandes ciudades" abordado de una manera crítica por Jane Jacobs en su libro publicado en 1961 habla de la degradación del espacio urbano como lugar de encuentro. Aunque el debate importancia – degradación ha continuado desde entonces, la vida ha proseguido fuera de ese espacio en muchos lados. Así algunos de los ideólogos con mayor influencia en planificación han rechazado tanto al concepto de espacio urbano como al de vida urbana social, por considerarlos inoportunos e inútiles. El urbanismo ha buscado al respecto mas bien desarrollar un cuadro racional y simplificado para las actividades que son inevitables. El incremento de circulación vehicular ha hecho que los traslados a pie sean ahora más difíciles. El comercio y los servicios han llegado a concentrarse en inmensos centros comerciales interiores. Es posible en este sentido confirmar los efectos de estas tendencias en particular, en un buen número de ciudades del sur de Estados Unidos En muchos de estos casos, los ciudadanos han olvidado de hecho la vida en su ciudad, dado que es casi imposible el acceder sin auto a todos esos comercios, servicios así como a otras instalaciones. Nadie camina en esos lugares, reduciéndose así la vida urbana y los lugares de encuentro[58].

Comunicarse para participar será de tal forma el nuevo código de ciudades inteligentes. Al establecer una comunicación, se participa y se comparte lo que se tiene en común y si se comparte, esto tendrá que apoyarse en una comunicación que actualmente toma forma por medio de las TIC. Una mala comunicación conduce a una mala participación y viceversa. Las sociedades del siglo XXI se caracterizarán fundamentalmente por ser sociedades distintas marcadas por la comunicación y participación. Las sociedades del siglo XXI marcharán así en la dirección correcta con el desarrollo de la tecnología de la información y de la comunicación. Hoy en día, el desarrollo de las universidades virtuales, de la comunicación a distancia para asistir a una conferencia, un curso para obtener un diploma, o para participar en una reunión foránea irá en aumento.

No estamos mas que al inicio de una transformación que crece cada vez más. No obstante si nuestras ciudades deben de llegar a ser sitios de comunicación, espacios simbólicos de participación, significativos lugares de memoria colectiva para las generaciones de ciudadanos que ahí viven, o sociedades holísticas en países como la RDC o México, las ciudades inteligentes deben análogamente ser ante todo espacios de solidaridad frente a un espíritu actual de anonimato existente en las grandes conglomerados neo-liberales (México). El anonimato favorece en cierta medida al espíritu que se

---

[58] *Ibidem*, p. 37-38.

oculta en muchos casos para lo negativo, la violencia, para el crimen, el terrorismo. El anonimato se convierte así en una fuente no ética de anomía social.

Hablar de *solidaridad urbana* es mucho más significativo y más profundo para esta obra. El espacio urbano no es solamente un sitio de saludo y de intercambio temporal mientras transitamos y esperamos por el siguiente autobús, no es únicamente un lugar de actividades sociales planificadas o no planificadas. Los centros urbanos son espacios de comunicación y de participación en donde se abordan muchos asuntos de interés común. Las ciudades inteligentes, sustentables, y solidarias deben ser lugares en donde la gente se reconoce, en donde la gente permanece ahí, lugares de una vida existencial para generaciones de ciudadanos.

A pesar de la pandemia citada, el espacio urbano no declinará nunca, sino que se convertirá en el futuro, en un futuro seguro. Asimismo, en ese contexto, las ciudades inteligentes, sustentables, y solidarias serán lugares de regulación de intercambios económicos solidarios en donde cada quien encuentre oportunidades en materia de negocios, empleo, ahorro, cultura, vivienda, salud, educación, recreación, culto, servicios alimentarios, y otros,… Las ciudades inteligentes, sustentables, y solidarias deben ser en síntesis espacios de construcción humana y de eternidad en donde bien vale la pena vivir.

C) Una mayor participación y comunicación construye a la sociedad actual y futura.

Toda ciudad vive el fenómeno de participación (compartir) y de comunicación de una forma o de otra. No obstante, las ciudades inteligentes se caracterizarán por promover una mayor participación y comunicación. No solamente fomentarán una comunicación más próxima, sino que también promoverán un mejor contacto con los servicios. Dado que se trata de ciudades en red interconectadas, crearán redes intersubjetivas que les permitan a los ciudadanos conocerse y descubrirse con mayor exactitud para vivir así relaciones más estrechas compartiendo y elevando su calidad de vida al salir del aislamiento y de la exclusión. En ese panorama, las ciudades de las que este estudio habla disminuirán ese aislamiento y exclusión que afecta a muchas de las personas de las grandes urbes de la actualidad. Con ese propósito, las ciudades inteligentes se apoyarían sobre una ética urbana intersubjetiva que trabajaría por el bienestar tanto social como individual para garantizarle a cada persona una buena calidad de vida y de lugar. En efecto, la dimensión social de la ciudad que aquí se propone "hace referencia a un tipo especial de ciudad de tal forma que ella pueda ser vivida y deseada por sus actores sociales, definida así por las necesidades de estos últimos y por sus buenos propósitos políticos. En ese sentido la ciudad estará pendiente de sus ciudadanos, reaccionando a sus demandas, proporcionando una oferta cultural satisfactoria, suficiente seguridad, con fáciles desplazamientos y buenas escuelas accesibles entre otros"[59]; la ciudad implementaría entonces digitalmente programas sociales para luchar contra la perversión, la delincuencia, la pobreza de toda índole así como contra situaciones graves de depresión, intentos de suicidio, prostitución... mediante servicios de acompañamiento.

La dimensión social necesariamente debe integrar aquí a la dimensión digital. Este hecho se refiere al conjunto de conocimientos, de dispositivos y

---

[59] Commission de l'éthique en science et en technologie, *op. cit.*, p.12.

de innovaciones tecnológicas que caracterizan a lo que frecuentemente se entiende como ciudad inteligente: un conjunto de infraestructuras urbanas interdependientes en función de su integración por medio de ese componente digital hablado, un mobiliario urbano conectado con datos de acceso libre y una red de transmisión de datos y de decisiones públicas basadas en ellos. Según el enfoque adoptado, la dimensión digital podrá ser considerada como un fin en ella misma así como como un medio –privilegiado o no –, para alcanzar los propósitos de la dimensión social"[60].

Resumiendo, las dos dimensiones social y digital son importantes en el desarrollo de una ciudad inteligente y sustentable. Si la social le permite a los ciudadanos de arraigarse dentro de un grupo de humanos por medio del establecimiento de relaciones intersubjetivas, la digital se convierte en un instrumento que facilita y apoya la intersubjetividad. En este contexto, el ser humano se encuentra no como un animal encerrado en sí mismo sino mas bien como un individuo histórico abierto al semejante y capaz de evolucionar junto a otros progresando todos, dentro de una misma sociedad compuesta de semekantes.

III. LA CIUDAD INTELIGENTE COMO CIUDAD DE DESARROLLO SUSTENTABLE

Si las ciudades inteligentes y sustentables favorecen la participación y la comunicación intersubjetiva desde una perspectiva fenomenológica de acceso a la conciencia de un mundo a compartir habitado por todos, ellas se

---

[60] *Ibidem.*

concebirán finalmente como ciudades de un desarrollo sustentable. Hablar de desarrollo sustentable supone una participación inclusiva de todos en ese proceso y la inscripción del concepto de desarrollo al de sustentabilidad, integrando ahí a tres componentes importantes e interdependientes:

- trabajar por el crecimiento y vitalidad económica de las ciudades inteligentes a través de los modos de producción, distribución, consumo inteligente y sustentable.

- satisfacer las necesidades fundamentales tanto humanas como sociales en relación a asuntos de vivienda, educación, cultura, empleo, seguridad, salud, cultura, consumo, para incrementar la atracción de los entornos urbanos a inversionistas potenciales.

- ocuparse del medio ambiente para preservar los recursos naturales, reciclandolos.

Antes de comenzar con la elaboración de ésta última parte del presente capítulo, necesitamos una vez más precisar los enfoques fundamentales de base. El innovador enfoque propuesto "considera a las TIC como puntales para revisar los modelos de desarrollo económico, mejorar la eficiencia al interior de las administraciones públicas, o responder a los últimos escándalos de tipo ético, permitiendo que tales administraciones sean más transparentes. Este enfoque toma en cuenta los problemas como desafíos a aceptar por medio de la colaboración con los diversos actores implicados, orientándolos hacia soluciones que caen en el campo de la comunicación, del engranaje o acoplamiento de empresas, de los nuevos comienzos (start–ups) del desarrollo del saber cómo, así como de adicionales esquemas de participación. Los puntos que conciernen a la calidad de vida y a los ambientes urbano y natural, la vida cultural, la infraestructura (notablemente la del transporte) y los servicios públicos de calidad (salud, educación, recreación), se abordan bajo el ángulo del grado de atracción de ciudades para empresas y/o personas"[61]. En ese cuadro, la participación inclusiva "responde a un posible déficit democrático existente en los municipios y a los retos de justicia social, como el de una eventual fractura digital (como desigualdades de acceso y uso relacionadas a las mismas tecnologías digitales).

Problemas más precisos que atraen una pronta atención son los que provienen directamente de la consulta ciudadana, de la elaboración conjunta de políticas y de la asignación de prioridades. En ese sentido, importantes cuestiones provenientes del asunto de calidad de vida se pueden asimismo abordar desde la perspectiva de una política de desarrollo social[62].

A) El crecimiento y la vitalidad económica.

Esta obra habla de ciudades inteligentes y sustentables porque ellas son capaces como tales de intensificar las actividades económicas generando un mayor ingreso para los habitantes, trabajando tanto para las grandes compañías como para las medianas y pequeñas, disminuyendo el nivel de impuestos para los ciudadanos. Se identifica a una ciudad como inteligente y sustentable si ella es capaz de organizar las actividades económicas para generar un ingreso que cree, mejore, y sostenga a instituciones de tipo comercial, educativa, municipal entre otras para el bienestar de todos. Cuando a una ciudad le falta financiamiento para establecer y promover su política de desarrollo, será difícil que se le pueda identificar como ciudad inteligente y sobretodo sustentable. Estas ciudades deben saber acoger a las grandes

---

[61] *Ibidem,* p.13.
[62] *Ibidem.*

compañías promoviendo al mismo tiempo a las medianas y las pequeñas para así crear una gama de servicios múltiples que beneficien al ciudadano. Bajo un planteamiento de asociación ganador – ganador con todas esas compañías, todo el mundo se beneficia: la ciudad, sus habitantes y también las compañías. Como una ilustración, las compañías manufactureras podrían en teoría trabajar en red con las de servicios de distribución y consumo para satisfacer las necesidades de las personas. Las ciudades del siglo XXI serían asimismo reconocidas por su capacidad de disminuir los impuestos a sus ciudadanos y de administrarlos adecuadamente. Favorecerían en ese quehacer a un gobierno abierto y transparente, gracias al desarrollo de lo digital para el bien común. Se trataría de ciudades que combatirían la corrupción en función de una contabilidad sana respetando siempre la ética de los negocios.

B) El capital humano: necesidades sociales.

Bajo este rubro la utilidad de las ciudades que aquí se promueve se encuentra en que sean habitadas por una población diversificada en habilidad y talento para de esta forma atraer mucho más a los inversionistas apoyando así a su desarrollo económico sustentable. En ese orden esas ciudades deberán permanecer accesibles y receptivas. Se desarrollarían económicamente apoyándose para tal fin en sus residentes, en su inteligencia. Una ciudad que olvida a sus habitantes no entraría dentro de la categoría de inteligente y mucho menos en la de sustentable. Toda ciudad debe contar con sus residentes que son su motor de desarrollo. El capital humano se presenta entonces como uno de los factores fundamentales de todo desarrollo. De hecho, "el hombre se convierte en algo urbano, un *homo urbanus*, para irse reafirmando cada vez más en un *homo qualitus*, esto es, un hombre que busca maximizar su bienestar y el de su familia deseando disponer de las comodidades de la ciudad con objeto de igualmente satisfacer la naturaleza. Con esto, el humano se coloca en el corazón del análisis urbano"[63]. En ese sentido, las ciudades del siglo XXI deberán ocuparse de las necesidades sociales. Una vez más, si una ciudad quiere generar un progreso significativo, fijará su atención primeramente en aspectos tales como la vivienda, la alimentación y la salud de su población. No se puede decir que uno vive mejor si uno no es capaz de alojarse, alimentarse, y curarse bien. La vivienda, alimentación y salud son elementos importantes: fundamentales, catalizadores para los ciudadanos y al servicio de su dignidad al seno de una sociedad.

Las ciudades inteligentes y sustentables deberán asimismo ser ciudades que proporcionen empleo y una educación de calidad a las personas. En estas ciudades, la educación y la formación profesional tendrán que ser planificadas para así poder acceder a empleos apropiados y consistentes con lo esperado por los municipios, las compañías públicas y privadas, las asociaciones. Sería muy contradictorio de educar a la gente sin poder proporcionarle empleos consistentes con sus estudios y con las necesidades de la gente y del municipio. Las escuelas de hoy deben reformarse para introducir un "servicio de asesoramiento escolar" mejorado el cual será un servicio vocacional de jóvenes para orientarlos mejor en dichos estudios profesionales. Aquí se consideraría a cada joven como una singularidad en formación según sus preferencias, habilidades y talentos para colocarse al nivel que ambicione, no solo en función de la profesión misma, sino mas bien para llegar a ser útil y responsable a la sociedad que lo ha formado. En fin, las ciudades del siglo XXI deben garantizar a sus residentes cultura en adición a la seguridad inherente al caso. La cultura debe posicionarse al centro de la ciudad

---

[63] BOURDEAU-LEPAGE L. (éd.), *Regards sur la ville. Préface d'Antoine Bailly*, p.2.

inteligente para proporcionar comodidad a la existencia humana. Es ahí en donde se debe invertir (como se ha hecho en seguridad) para que los ciudadanos vivan bien y de forma agradable y sobetodo de forma segura al interior de su sociedad.

C) La protección del ambiente y la preservación de los recursos naturales.

Nuestra relación con el medio ambiente sería deficiente si olvidáramos que todos nosotros somos una parte de la naturaleza por lo que debemos comunicarnos con ella, respetándola. No obstante actualmente en ciertos países el ambiente no es una gran preocupación política por lo que la explotación de los recursos naturales se realiza sin respetar al medio natural (Brasil). Como consecuencia, vastos territorios se convierten en vulnerables llenos de erosión, deslizamientos, afectados por la desertificación, que no sirven más a actividades como las de una racional agricultura,… Una ciudad inteligente deberá ser entonces una ciudad que respete el equilibrio de ecosistemas invirtiendo en programas para reducir el efecto de invernadero por ejmplo. Deberá promover leyes y políticas que respeten al medio ambiente por el bien de la salud, de la calidad de vida de las personas y de la calidad del lugar.

Conjuntamente con la ciudad, si la preocupación es de respetar al ecosistema, la explotación tecnológica de recursos naturales deberá hacerse en ese contexto. Las ciudades inteligentes y sustentables deben de proteger los espacios ecológicos verdes integrándolos a las ciudades para que las gentes disfruten la calidad antes mencionada. Se deberá promover la ética ambiental para poder vivir en espacios urbanos más habitables (densificados). En conclusión, si ciertos residentes se han habituado a vivir sin considerar la satisfacción de las necesidades humanas y del ambiente que les rodea, en la perspectiva de la moral kantiana[64], la atención tendrá que concentrarse sobre la dignidad de la persona y de los derechos humanos en general. Gracias al concepto de ciudad inteligente se espera que durante el siglo XXI podamos vivir como se ha mencionado en mayor proximidad. **Las ciudades del planeta objeto de este estudio actual se pueden transformar eficientemente gracias a la existencia del internet y de las redes sociales, en algo más inteligente.** En esto, estaremos cada vez más llamados a ocuparnos antes que nada del humano y de sus necesidades fundamentales así como de las de la naturaleza. Hasta que eso suceda, sólo encontraremos ciudades en las cuales hay gente que padece en función de los recursos naturales cada vez más escasos viviendo por lo tasnto en situaciones muy difíciles. Con la noción de ciudad inteligente se vivirá cada vez más en la sustentabilidad para mejor satisfacer las necesidades comunes, promover una educación profesional como se ha indicado, erradicar la pobreza para con todo eso, permitirle a todo el mundo de vivir una vida de suficiencia material y prosperidad. En esas ciudades se ocupará de las personas en función de las relaciones intersubjetivas que se establezcan por medio entre otros de los servicios comerciales, educativos, y municipales más próximos a los ciudadanos. Ciudades inteligentes como esas, asistirán así a los municipios a lograr una mayor transparencia, apertura democrática, igualdad y justicia desarrollando al mismo tiempo una mayor responsabilidad ético - ambiental.

D) Equilibrio población – ambiente.

Para intentar satisfacer las necesidades humanas y sociales mencionadas, es preciso que las ciudades inteligentes establezcan un equilibrio entre la

---

[64] KANT E, *Fondements de la métaphysique des moeurs,* trad. Victor Delbos. Paris, LGF, 2011.

población y su ambiente natural (rural), entre el crecimiento de la primera y la disponibilidad misma de espacios del segundo. El desequilibro entre población y medio ambiente produce muy importantes impactos a nivel del planeta: creación de auténticos "agujeros negros" (vacíos) en el centro de la ciudad en términos de un tremendo desperdicio de superestructura y de infraestructura instaladas que nadie utiliza en distritos deteriorados acompañado de una invasión y paulatina reducción del medio ambiente rural en la periferia. Una buena práctica de planificación regional y urbana debe estar siempre al servicio del concepto de ciudad inteligente. Sin esa buena práctica, será imposible controlar la nefasta expansión urbana que atenta en contra del bienestar y mismos derechos humanos de las personas. Las personas tienen necesidad en primer lugar de comer (alimentación) y en segundo de alojarse (vivienda). Entre más invasiones sin control de zonas rurales tengamos, menos producción de alimentos tendremos en ciertos lugares. No obstante,… hay que construir vivienda para apropiadamente alojar al crecimiento que se da de población pero de una forma racional.

La solución radica en implementar procesos de planificación que resulten los más adecuados para encontrar complementariedad entre comer y alojarse en lugar del actual enfrentamiento y competencia por el espacio disponible entre producción alimentaria / producción de viviendas para así satisfacer lo mejor posible las necesidades humanas más fundamentales.

En un contexto de sustentabilidad, las tecnologías de la información y de la comunicación – TIC pueden asistir en la revisión del desarrollo regional y urbano de una ciudad bajo una nueva perspectiva de tipo económico frente a los modelos actuales de planificación social, económica, ambiental, administrativa y política de ciudades muy extendidas que no presentan un desarrollo conveniente. Esta obra se refiere al concepto de equilibrio población / medio ambiente, pero… ¿qué significa éste equilibrio? Todas las ciudades del mundo se desarrollan. Es el resultado normal de un saldo positivo demográfico de la humanidad de hoy en día como se indica aquí. No es posible detenerlo. En consecuencia, las ciudades crecen también. Este estudio comprende muy bien el inherente hecho del crecimiento, pero este crecimiento debe de producirse de una forma equilibrada en función de ciertos índices de intensidad a través de la optimización del espacio urbano ya construido (densificación según la voluntad humana de utilización y de su capacidad de carga urbana en particular en terminos asimismo de capacidad instalada de servicios en cada lugar central y zonas peri-centrales). Pero… ¿cómo hacerlo? Una vez más, por medio de una apropiada planificación apoyada en las nuevas tecnologías TIC que esta obra propone las cuales consideren en principio a la economía del lugar.

E) Densificación y expansión urbana.

¿Qué es la densificación urbana? Por medio de las TIC y la planificación, **la densificación de una ciudad inteligente es la optimización de su espacio central, permitiendo a la población de tener acceso a la superestructura (vivienda por ejemplo) y a los servicios de infraestructura (agua potable por ejemplo) que existen.** Este punto es la clave para transformar una ciudad tradicional en una inteligente más densificada la cual al limitar significativamente la destrucción del medio ambiente que lo que las tradicionales hacen, le proporciona a las personas una mejor calidad de vida (CDV) y una mejor calidad del lugar (CDL) como se indica. Las TIC pueden contribuir con el proceso de densificación de una forma eficiente no solamente por medio de la automatización, bancos y tratamiento de datos en cierta forma ya hecho (sistemas de información geográfica – SIG entre otros), sino mas bien en comunicarle a los ciudadanos los resultados del proceso de planificación mencionado evitando lo más posible la innecesaria extensión sin control de las ciudades. Así, será posible por ejemplo comunicarle a la población el nivel de CDV/CDL que existe en el centro, en zonas peri-centrales, en zonas periféricas en términos de indicadores pre-establecidos con objeto de orientar mejor los desplazamientos intra-urbanos de personas a lugares que no son realmente convenientes para ellos, evitando así la expansión que no sea la absolutamente necesaria.

Pero, ¿que entendemos por expansión urbana? **La expansión urbana de una ciudad tradicional es la invasión fuera de todo control del medio ambiente (terrenos rurales),** extendiendo de forma exagerada su superficie urbana. Ese proceso, muy característico de las grandes ciudades actuales, ocasiona impactos muy negativos sobre las estructuras del espacio central. La migración de personas del centro hacia la periferia siempre acarrea un desperdicio de servicios en el área de origen hasta convertirla en un auténtico "agujero negro" indicado en donde nadie quiere ya más vivir. Sin revitalización, con frecuencia ese "agujero negro' se desarrolla del centro hacia el exterior (zonas peri-centrales) en "oleadas demográficas". El empobrecimiento urbano (social, económico, ambiental) resultante, es el cáncer de la ciudad que abate y disminuye considerablemente los niveles de CDV/CDL existentes.

La falta de mantenimiento preventivo activa al siguiente proceso: más emigración > menos residentes > menos ingresos municipales > menor mantenimiento local de superestructuras y de infraestructuras > menor ética urbana > mayor desvalorización de la zona (nseguridad, delito, drogas, prostitución, etc.), > mayor pobreza > mayor inestabilidad política, administrativa; el centro de la ciudad se desintegra (se pudre). El uso de TIC puede contribuir a racionalizar en cierta medida ese proceso de decadencia /despoblamiento informando a los municipios de las condiciones actuales de los mismo y a los residentes de las condiciones de la futura zona de mudanza por medio de indicadores de desarrollo urbano (planificación). En ese orden se identifican aquí a tres tipos de indicadores zonales en los lugares de orígen y destino:

1. Indicadores zonales de ética en relación a la densidad de población, empleo disponible (tasa de desempleo), vivienda disponible, (costo y calidad de propiedades en venta, renta, tipo, etc.), existencia y calidad de servicios en el lugar (supermercados, iglesias, tiendas de abarrotes, escuelas, etc.), existencia y calidad de la infraestructura, transporte (condición, cobertura), espacios verdes (ubicación), seguridad, etc.;

2. indicadores zonales no éticos en relación a la tasa de delito, criminalidad, robos, violaciones, etc.; e

3. indicadores zonales de satisfacción frente a la existencia o no de segregación, de discriminación en el lugar o no, de bienvenida a nuevos inmigrantes o mas bien rechazo a los mismos, si existe un ambiente amistoso o mas bien de agresión, etc. Las TIC muy bien pueden guiar en este sentido los consecuentes arraigos o cambios de residencia (migración), administrando más convenientemente el crecimiento urbano sea este hacia el centro de la ciudad, hacia las zonas peri-centrales, hacia las periféricas, o bien hacia las zonas rurales. De esta forma la transformación de las ciudades tradicionales representa una alternativa para tratar con el problema de la inútil creación de

"agujeros negros" centrales y de las invasiones a las zonas rurales. En otras palabras, la transformación de ciudades tradicionales en ciudades inteligentes y sustentables promoverá prioritariamente el proceso de densificación central. El planeta posee limitados recursos entre ellos la cantidad de terrenos disponibles para ser habitados por humanos (para comer y alojarse entre otros usos).

En ese orden, hay que administrar lo mejor esa disponibilidad para el bienestar colectivo. Bajo esa perspectiva el desperdicio de espacios urbanos y la explotación y el abuso de terrenos naturales quedan prohibidos. Esa responsabilidad recae principalmente sobre los planificadores.

En el contexto de una buena planificación, ¿porqué se opta por la alternativa de la densificación urbana? La respuesta es muy simple: para reciclar los recursos del planeta que aún tenemos siempre limitados. Debemos evitar que el planeta se enferme de cáncer representado éste por la irrefrenable extensión que muchas de las ciudades tradicionales de hoy en día padecen. Al respecto, es realmente difícil e increíble de aceptar que actualmente existan varias zonas metropolitanas en el mundo con poblaciones que rebasan ya más de 10 millones de personas como por ejemplo Tokio con 37,833,000 habitantes; Nueva Dehli con 24,953,000; Shanghai con 22,991,000; México con 20,843,000; Kinshasa con 11,116,000, etc., todas al año 2014[65]. Esas mismas ciudades tendrán al año 2030[66] las siguientes poblaciones: Tokio 37,190,000; Nueva Dehli 36,060,000; Shanghai 30,751,000; México 23,865,000; y Kinshasa 19,996,000. En términos de superficie, en 2006 se contaba con zonas metropolitanas que presentaban ya una importante

---

[65] UNITED NATIONS, *World urbanization prospects,* 2014.
[66] *Ibidem.*

expansión urbana como el caso de Nueva York (8,683 km2); Paris (2.723 km2); Buenos Aires (2,266 km2); El Cairo (1,295 km2); Estambul (1,166 km2)[67] y por supuesto México (7,815 km2, en Tello Campos, 2009), mientras que en 2017 asimismo había ya países enteros que contaban con superficies totales comparables como Qatar (11,610 km2); Líbano (10,450 km2; Puerto Rico (8,870 km2); Luxemburgo (2,590 km2); Singapur (719 km2)[68]. En otras palabras, en ese momento había en el mundo ciudades del tamaño de países enteros en función del siempre poderoso proceso de expansión.

En ese mismo orden, en los Estados Unidos Mexicanos la población Metropolitana de la Ciudad de México tuvo un crecimiento de 42% en los últimos treinta años (1980 – 2010), mientras que su superficie se extendió en un 257% para llegar a ocupar tres diferentes estados (SEDESOL, 2012). Más recientemente, el centro turístico de Cancún en la península de Yucatán, experimentó un cambio demográfico del 16% de 2005 – 2010 aumentando su superficie en un 110% (ibidem). Si este proceso continúa, ¿qué es lo que nos va a suceder en el futuro? Esta situación es muy seria no únicamente para el equilibrio entre población y naturaleza sino para la misma supervivencia del planeta completo.

El cambio climático que a la fecha tenemos es una de las consecuencias de la actividad humana en desenfrenada expansión y contaminación que amenaza a la supervivencia citada. Así, tenemos una razón poderosa y mas que suficiente para rechazar el crecimiento horizontal descontrolado de ciudades en el mundo. El riesgo de desequilibrar a todo el sistema del citado planeta es demasiado grande (Hansson, 2013). Los impactos sobre la

---

[67] VERGARA PETRESCU, Javier, *Densidad y extensión urbana,* 2006.
[68] INDEXMUNDI https://www.indexmundi.com

biodiversidad, salud, calidad de vida son igualmente demasiados altos. Urge entonces actuar lo más pronto posible para reciclar el espacio urbano disponible. La expansión urbana y el crecimiento de ciudades siempre estarán presentes como resultados lógicos del crecimiento demográfico y de una mayor esperanza de vida (aumento de la población mundial) como se indica, pero debe de producirse de forma más controlada por medio de la adopción de modelos inteligentes y sustentables que optimicen los espacios existentes.

En el contexto de la citada biodiversidad, esta terminaría muy afectada con los modelos tradicionales polinucleares sin control. Para empezar, el implícito concepto de "diversidad" sufriría cada vez más una drástica disminución (reducciones de especies bio). El hábitat humano desplazaría al hábitat natural al extender el "gris" (concreto de calles) sobre el verde (naturaleza). Al mismo tiempo, el alimento natural de las distintas especies bio experimentaría asimismo graves impactos debidos al crecimiento polinuclear. El agresivo cambio climático mencionado empeoraría las cosas aún más al producir cambios de terreno (como los deslaves por ejemplo) igual de agresivos. En cuanto al aspecto de la salud de poblaciones, el crecimiento sin control de las ciudades producirá problemas de contaminación del aire, del agua, de terrenos al interior del tejido urbano. Esta contaminación no será solamente física sino visual y auditiva también en función del tráfico de vehículos de todo tipo (autos, camiones, etc.) que inexorablemente irá en aumento cada vez más con su impacto sicológico. En este rubro, un proyecto-piloto viene de lanzarse en la ciudad de Edmonton en Canadá con objeto de medir el nivel de ruido que existe ahí en las calles[69].

---

[69] PARRISH, Julia, *Pilot project to collect noise data begins in Edmonton,* August 17, 2018, https://edmonton.ctvnes.ca

La falta de salud en la población y de salud ambiental va a traducirse en términos de la ya mencionada caída gradual de CDV/CDL locales. Esa caída va a fomentar el empobrecimiento tanto colectivo como individual de las personas al transformar los lugares de residencia en lugares de decadencia que a su vez tendrán importantes consecuencias sobre el ingreso municipal. Una buena calidad de vida CDV tiene muy grandes y positivas efectos sobre el bienestar de la gente.

Es un asunto ético el buen desarrollo de las ciudades desde un punto de vista social, económico, y ambiental frente a un asunto de deterioro social, económico, y ambiental también. Las condiciones mínimas existenciales sobre las cuales el bienestar de las personas se apoya, están relacionadas al nivel de calidad de vida y del lugar. La vivienda, el empleo, la seguridad, la distancia de trayectos a recorrer, el transporte, el nivel de contaminación, los servicios de superestructura (escuelas, iglesias, hospitales, supermercados, parques, estaciones de policía, etc.), los servicios de infraestructura (condición de calles, banquetas, iluminación de noche, red de alcantarillado, drenaje, etc.), son entre otros factores que tienen impactos significativos en ese bienestar, calidad de vida y del lugar citaados.

El grado de relación con el entorno humano compuesto por residentes permanentes y/o temporales (vecinos, empleados involucrados en servicios, etc.), tiene asimismo poderosas consecuencias sobre el bienestar social. Un vecindario que se caracteriza por ser amigable no solamente impacta al nivel de atracción del mismo desde la perspectiva del confort físico de las gentes sino también sobre al mental y a los ya hablados niveles de CDV/CDL en un determinado sitio. Todo ese panorama es en muchos casos, la clave que dicta y dirige la mayoría de los movimientos de migración intra e interurbana en las ciudades. Las ciudades inteligentes y sustentables pueden realizar ahí una importante contribución para administrar mejor esos movimientos migratorios fomentando así la densificación de un vecindario ya abandonado. Las ciudades inteligentes se caracterizan por tener niveles de CDV/CDL más elevados que las tradicionales. Ellas son el resultado de acciones innovadoras de mejoramiento urbano como la optimización de recursos que ya están instalados en el sitio, apoyadas por las TIC (indicadores zonales). El propósito en esto sería el de proporcionar a los residentes un panorama más fiel de las ventajas y desventajas de permanencia en el lugar de habitación o bien, de cambio centro > periferia del mismo. Es aquí en donde las TIC pueden asistir a hacer una doble reflexión sobre la pertinencia del asunto del cambio citado frente a los programas implantados de renovación en el centro.

La densificación de espacios centrales es difícil de lograr (Tello, 2018). No siempre resulta fácil de convencer a la gente a cambiar de opinión sobre un asunto urbano de importancia para ellos: permanecer en el lugar en donde habitan o cambiarse de ahí (ibidem).

Es necesario estar bien informado (TIC) para tomar la mejor decisión posible antes de comenzar alguna acción para mudarse. Frecuentemente el cambio de residencia consume muchos recursos personales (tiempo, esfuerzo, dinero, etc.), por lo que resulta muy oneroso particularmente para los residentes de escasos recursos. Una mala decisión puede sin duda dañar de forma muy significativa los recursos de toda la familia. Al mismo tiempo, cambiarse sin verdaderamente conocer las condiciones del sitio de destino puede acarrear consecuencias muy negativas para las personas que se cambian en términos de adaptación a la nueva residencia. Lleva mucho tiempo (algunas veces demasiado) para lograrlo. Las ciudades inteligentes deben similarmente respetar lo más posible la escala humana que promueve mejor las relaciones intra e interpersonales. La expansión urbana puede muy fácilmente alejar a los residentes de la familia, de los buenos amigos, de los buenos vecinos, etc., para aislarlos desde el punto de vista social. Hay entonces que estar atento a las condiciones que existen en los sitios de destino para evitar graves reacciones sicológicas como la depresión, la frustración, etc., por ejemplo. Se deben prever las condiciones mencionadas en primera instancia para aceptarlas y en segunda para adaptarse a lo "nuevo" (nuevo ambiente social, nuevas relaciones persona – lugar). Las ciudades inteligentes fomentan el respeto a la ética urbana y ambiental. Los ecosistemas en ese contexto, estarán al servicio de la persona de una forma racional (relaciones persona – naturaleza). En síntesis, las ciudades inteligentes serán ciudades que van a integrar la ética del buen desarrollo desde una perspectiva social, económica y ambiental como se ha dicho.

Por medio de la utilización de las tecnologías TIC, esa integración será más factible La información que se requiere para tomar decisiones y actuar en el momento más preciso será crítica para la densificación central de la ciudad. Una oportuna comunicación de hechos ayudará a revalorar al centro de la ciudad en función de los programas de revitalización que los gobiernos interesados estén adoptando. Frecuentemente sucede que por ignorancia o falsas creencias, los residentes del centro toman decisiones de cambio de residencia a la periferia con la gran esperanza de encontrar ahí una mucho mejor calidad de vida.

A veces la situación resultante de tal acción de cambio es contraria como se señala, a la esperanza de mejoramiento personal y familiar preestablecida. La ética del buen desarrollo implica una buena interacción de factores sociales, económicos, ambientales así como políticos y administrativos entre otros para el bienestar (calidad de vida) de la persona, de la familia y del colectivo (la comunidad). Una vez que se alcanza ese bienestar, el proceso de densificación en el caso central se convierte en un proceso automático. Todos los humanos buscan el mismo objetivo: la felicidad. Se trata de una legítima aspiración que mismo recae sobre el asunto de los derechos humanos. Igualmente es el deber de toda planificación urbana de mejorar el territorio tratado para alcanzar la felicidad de las personas al satisfacer sus necesidades fundamentales de tipo f₁ sico y sicológicolo mejor posible. Cuando todos los elementos necesarios para tomar la decisión más conveniente de quedarse en el sitio de residencia actual o bien de cambiarse a otra parte se reúnen con la ayuda de las tecnologías TIC, estas van a asistir más eficientemente a convencer a los residentes a tomar la opción disponible que resulte la más óptima para ellos en un momento dado. En esto el análisis costo / beneficio será el factor que finalmente decidirá. En esa situación los distintos gobiernos municipales son el organismo que debe regular las situaciones que estamos subrayando para tener éxito con el proceso de densificación central de ciudades. Si los municipios no lo hacen, un muy grave movimiento de cambio masivo de residencia central podrá producirse, favoreciendo a la expansión urbana que irá cada vez más en aumento.

F) Capacidad de densificación.

En el párrafo precedente se ha hablado de promover al proceso de densificación en las grandes ciudades utilizando para tal fin a las tecnologías TIC disponibles según la capacidad que cada ciudad posee para realizarlo. Pero… ¿qué se entiende por capacidad de densificación? O mejor… ¿qué es una relación de intensidad frente a la capacidad de carga urbana (humana) y de capacidad instalada de servicios? Se puede definir a la relación de **intensidad** como a la cantidad deseada o requerida de superestructura y/o de infraestructura proporcionada a los residentes por unidad de superficie. A la **capacidad de carga urbana** como la habilidad de un componente urbano de la ciudad (el centro, las zonas peri-centrales, las zonas periféricas, etc.) de aceptar nuevos residentes según su libre voluntad de movimiento para alcanzar un umbral (número) preestablecido en un cierto periodo de tiempo de acuerdo asimismo a la cantidad de mismas superestructura y de infraestructura disponible en el lugar. E implícitamente a la capacidad instalada de servicios como al total de superestructura y/o de infraestructura proporcionada a los residentes de un lugar en particular.

El objetivo de todos esos conceptos es de llegar a una optimización de densidades urbanas para un sitio determinado, respondiendo a la pregunta de **¿cuál es el límite que una ciudad (o componente urbano de una) tiene para soportar la densificación urbana buscada**?

A partir de esa respuesta, será posible definir, limitar y especificar las condiciones de densidad deseadas de la ciudad compacta que se está proponiendo y promoviendo. No solamente el tejido urbano experimenta una presión en relación a su habilidad de soporte frente al "push" demográfico de muchas ciudades siempre en crecimiento, sino que los espacios rurales también experimentan una situación similar como ya se ha hecho notar en esta obra. Las invasiones "grises" (relativas a las nuevas urbanizaciones) sobre el "verde" (de la naturaleza) que son la regla de la "planificación" de hoy, son muy criticadas. A pesar de ello, la urbanización exagerada es en la actualidad una práctica normal en el mundo sin importar nada más por el momento. La sociedad en general (organismos gubernamentales y no gubernamentales) ha permitido proyectos de construcción que han ocasionado efectos devastadores sobre las reservas naturales, consumiéndolas lentamente y provocando la ya indicado inestabilidad en el suelo. Cada vez es más frecuente observar fallas esrtucturales de terrenos en términos de deslaves, etc., en zonas propensas a inundaciones que no debieron ser urbanizadas. Pero a pesar de eso,… todas esas zonas han terminado muy bien urbanizadas gracias a la "planificación" actual.

Con todo ese panorama presente, es asimismo necesario recordar que existen muchos factores a veces muy diferentes para cada ciudad que determinan los límites de carga urbana para cada caso. Nunca hay dos ciudades idénticas en el mundo, razón por la cual nunca existen dos cargas urbanas idénticas en el mundo. Bajo esta perspectiva todos los diferentes factores de dicho caso particular deben conocerse bien para racionalmente promover el proceso de densificación central basado en la admisibilidad óptima de carga posible con la inestimable asistencia de las tecnologías TIC.

La compacidad de una ciudad recae en primer lugar en la escala de densidad deseada sobre la cual, cierto componente urbano debe funcionar. En ese orden, tenemos escalas de densidad a nivel metropolitano, de ciudad, de municipio (distrito), de colonia, de vecindario, de terreno, de hogar en relación a los aspectos población – construcción de edificaciones. En ese quehacer, un banco de datos TIC accesible al público será un buen instrumento para tomar les mejores decisiones.

Es necesario igualmente recordar que todo proceso de densificación implica un "trade-off" (intercambio) a veces muy complejo. Las interacciones que ya hemos mencionado entre variables de tipo social, económico, ambiental, pueden complicar el resultado exigido: ¿cuál es la densificación óptima para una situación en particular? Las tecnologías TIC ayudan a encontrar el equilibrio demográfico buscado, sea este a nivel intra-urbano o incluso interurbano. En el mundo y en un ambiente informático, "el saber cómo" es importante. La transmisión de información por medio de una comunicación a tiempo se transforma en una verdadera fuente de optimización en si misma: optimización de tiempo, dinero, espacio, esfuerzo entre otros. No obstante cabe señalar que en los lugares densificados la "ganancia" en ellos puede llegar asimismo a ser una "pérdida" para los mismos. Por ejemplo, la asociada revitalización de municipios y colonias bien puede provocar alzas inmobiliarias muy significativas que dañen igualmente de esa manera la economía y la accesibilidad de los residentes, sobretodo a las de los residentes pobres. De esa forma mas vale administrar lo mejor las acciones de densificación y revitalización en un determinado sitio urbano para evitar lo más posible sus efectos negativos.

Protestas y manifestaciones pueden igualmente presentarse en relación a posibles incrementos de segregación que el proceso de densificación a veces causa en la ciudad. Los movimientos "NYMBY" o "not in my backyard" (no en mi patio trasero) que suceden en algunos de los países anglófonos son un ejemplo en este sentido. Conflictos entre las necesidades de densificación de la ciudad y las preferencias locales representan obstáculos para el progreso del proceso. No obstante, sus ventajas destacan. Entre ellas se menciona aquí:

1. Una más eficiente utilización de los terrenos urbanos; 2. una más significativa sustentabilidad ambiental; 3. una mejor distribución de la igualdad social; 4. mayores oportunidades económicas; 5. una más eficiente movilidad.

1. Una más eficiente utilización de los terrenos urbanos. Adicionalmente a que ayudan a reducir las emisiones de carbono, las ciudades más densas utilizan mejor la superestructura e infraestructura instaladas, razón por la cual el uso de los terrenos urbanos es más eficiente. En lugar de extender todos los servicios como el del agua, alcantarillado, electricidad, etc., a los nuevos suburbios periféricos, las autoridades pueden mejor concentrarse a intensificar y reforzar la capacidad de las estructuras en general que ya existen en el lugar con un banco de datos disponible para tal fin y las opciones de actualización y de localización geográfica puntual (Sistemas de Información Geográfica – SIG) de las TIC. En este contexto, las ciudades podrán saber preservar mejor entre otros sus existentes espacios verdes, conservar las zonas ecológicas y mantener asimismo las agrícolas al mismo tiempo que ellas se "adaptan" a un nuevo crecimiento urbano más denso[70].

A pesar de ese panorama optimista, algunos estudios han encontrado que a veces hay una correlación negativa entre la densificación y la provisión de espacios verdes[71]. Si el nivel de densificación (construcción nueva y revitalizada) aumenta en flecha de acuerdo al límite de carga urbana en el lugar geográfico tratado, la utilización del espacio verde público lo va a hacer igualmente (sobresaturación).

Es imperativo en ese orden diseñar bien las políticas urbanas de densificación para prever los posibles impactos negativos como el que se indica para así proteger de una forma más apropiada con información y datos de las TIC al proceso de densificación.

---

[70] ORGANIZATION FOR ECONOMIC CO-OPERATION AND DEVELOPMENT - OCDE, *Cities and climate change,* 2010; BANCO MUNDIAL, *Cities and climate change; an urgent agenda,* 2010.
[71] DEMPSEY, N., BROWN, C., y BRAMLEY, G., *The key to sustainable urban development in UK cities? The influence of density on social sustainability,* 2012.

2. Una más significativa sustentabilidad ambiental. El problema es que en general, las ciudades del mundo actual ya han comenzado a mostrar desafortunadamente los efectos adversos de una degradación de suelos, aumento de la contaminación, y producción en grandes cantidades de desechos sólidos y líquidos muy contaminantes. En este sentido una mejor administración de ciudades (reduciendo su expansión), por medio de una nueva densificación urbana impedirá en cierta medida la contaminación de nuevos terrenos vírgenes (tierras), aguas, y aire.

Esa densificación implica un mejor uso de los recursos naturales lo que evitará en lo posible la contaminación y el desperdicio adicional. Un menor desperdicio promueve un menor desenfreno en la explotación de dichos recursos. Al concentrar a la población, se crean sistemas más eficientes para el control, administración, reciclaje, y tratamiento apropiado de desechos sólidos y líquidos entre otros.

A pesar de todo eso, la densificación presenta en si misma nuevos retos a la sustentabilidad ambiental sobre los cuales las tecnologías de la información y la comunicación – TIC pueden asistir. La calidad del aire puede terminar muy afectada debido a una mayor concentración de autos que impida el reciclaje del mismo, produciendo lluvia acida. Igualmente, los espacios verdes y abiertos pudieran colateralmente reducirse significativamente, situación que dificulta su función de limpieza de una manera natural del aire y del agua. Cuando perdemos un espacio verde a causa de la urbanización, lo perdemos para siempre.

3. Una mejor distribución de la igualdad social. El proceso de densificación puede también contribuir a resolver otro de los principales problemas de las ciudades: la segregación social. En las grandes ciudades como la de la Ciudad de México, mucha gente de escasos recursos vive en auténticos ghettos en la periferia por ejemplo, separando el costo, calidad y servicios a la vivienda a las población de pobres de la de ricos en varias de las zonas de la ciudad[72]. Así, para impulsar el aspecto de la igualdad social de una forma apropiada, las políticas de densificación deben paralelamente considerar a una variedad de alternativas de vivienda para todos los grupos con diferente nivel de ingresos.

El resultado de esto producirá la integración de los distintos segmentos de la sociedad al proporcionarles vivienda accesible para todos. La atracción de residentes de escasos recursos hacia colonias y barrios de ingreso mixto mediante procesos de densificación, puede colaborar a la integración de todos los segmentos socio-económicos para así crear una sociedad más igualitaria, cohesiva y justa. Pero si esa situación no se organiza bien se pueden generar consecuencias muy negativas producto de la densificación que impacten al bienestar de los ciudadanos en incrementos en el valor de los inmuebles. Este es el clásico resultado de las acciones de gentrificación[73] (revitalización). Ese panorama puede reducir el acceso a los barrios revitalizados de las personas pobres, agravando la buena intención de igualdad social que se pretende en la ciudad.

Asimismo, problemas de tipo sicológico como la elevación en los niveles de angustia y ansiedad así como una significativa falta de privacidad, pueden paralelamente presentarse en las colonias y barrios que han sido recién

---

[72] ARIZA, M., y SOLIS, P., *Dinámica socioeconómica y segregación especial en tres áreas metropolitanas de México, 1990 y 2000*. Estudios Sociológicos, 2009.
[73] Gentrificación es un proceso de revitalización de colonias y barrios centrales en decadencia urbana, principalmente por personas de altos / medio alos ingresos.

revitalizados y densificados[74],[75],[76],[77]. Todos esos inconvenientes deben motivar a los distintos gobiernos a profundizar su conocimiento al respecto por medio de la creación de bancos TIC que también consideren datos sicológicos en función de los reportes de encuestas con ciudadanos. El resultado de esos reportes permitirá asimismo de refinar mejor en el futuro el diseño de las requeridas políticas urbanas de densificación. El propósito aquí será de considerar al asunto de la igualdad social así como al de las preferencias de los residentes de una forma mucho más cuidadosa y puntual para impedir la creación de problemas de segregación socio-económica y mismo de angustia sicológica más graves ya señalados que puedan dañar las relaciones humanas.

4. Mayores oportunidades económicas. Las ventajas económicas que esta densificación ofrece a las ciudades son muchas. Para los ciudadanos, la densificación puede reducir la distancia de los viajes intra urbanos, el tiempo de traslado y los costos para llegar a los sitios de trabajo y centros de educación creando nuevas posibilidades económicas[78]. Asimismo, al invertir menos tiempo en los viajes los trabajadores(ras) pueden utilizar muy bien ese tiempo para dedicarlos a actividades laborles, de recreación o a sus familias[79]. Para las compañías, la densificación representa grandes ventajas también. Un aumento en las densidades de movimiento de residentes, proporciona mucho

---

[74] BAUM, A., y PAULUS, O., *Crowding* en STOKOLS, D., y ALTMAN, I., (editors) *Handbook of environmental psychology* Nueva York, Wiley, 1987.
[75] EVANS, G.W., y COHEN, S., Environmental stress en STOKOLS, D., y ALTMAN, I., (editors) *Handbook of environmental psychology* Nueva York, Wiley, 1987.
[76] FLEMING, I., et all, *Social density and perceived control as mediators of crowding stress in high-density residential neighbourhoods,* Journal of Personality and Social Psychology, 1987.
[77] LOO, C., y ONG, P., *Crowding preceptions, attitudes, and consequences among the Chinese,* Environment and Behavoiur, 1984.
[78] REID, E. et al, *Measuring sprawl and its impacts,* 2002.
[79] PNDU, *Plan Nacional de Desarrollo Urbano 2014 – 2018,* México, 2014.

más oportunidades para los negocios locales[80]. Un incremento de las actividades comerciales ocasiona que las compañías entren a nuevos mercados que emergen por aglomeración, reduciendo así sus costos de producción al aprovechar las sinergias locales[81]. Sin embargo, existe evidencia según la cual la densificación frecuentemente provoca un incremento en los precios de las propiedades acompañados de una reducción en el acceso a las viviendas disponibles para los residentes pobres como ya se ha mencionado, asi como los alquileres que pueden igualmente subir junto con los costos de mantenimiento en edificios de alta densidad (multifamiliares); esta situación acarrea una presión más grande sobre los recursos públicos (servicios) y privados (propiedades)[82].

Los gobiernos deben trabajar de una manera eficiente utilizando las tecnologías de información y comunicación TIC para garantizar que los ciudadanos de escasos recursos se integren a la ciudad con el propósito de aprovechar así las oportunidades económicas que la densificación de momento les puede ofrecer.

5. Una más eficiente movilidad. La movilidad es uno de los desafíos más importantes al que muchas ciudades hacen frente. Las personas ya recorren en nuestras grandes ciudades enormes distancias todos los días para llegar al trabajo, a la escuela, a los sitios de recreación, lo que significa un elevado costo en el transporte y desperdicio de tiempo y de energía, así como muy serios impactos al medio ambiente[83]. El consumo de carburante per cápita aumenta cuando la densidad baja, mientras que las ciudades con densidades

---

[80] DAVE, S., *High urban densies in developing countries : a sustainable solution?* 2010.

[81] RAO, V., *Proximity distances: the phenomenology of density in Mumbai,* 2007.

[82] BOYKO, Christopher y COOPER, Rachel, *Clarifying and re-coneptualizing density,* 2011.

[83] HATT, et al, *The influence of urban density and drainage infrastructure on the concentration and loads of pollutants in small streams,* 2004.

más elevadas, se espera que utilicen menos el auto y más el transporte público[84],[85],[86],[87],[88]. Existen ciudades en donde la mayor parte de la contaminación del aire proviene de los autos como lo es el caso de la Zona Metropolitana de la Ciudad de México (ZMCM)[89]. La densificación al favorecer la proximidad de personas, servicios y empleo hace que los largos trayectos intra-urbanos se vean reducidos en tiempo, costo y contaminación. Las ciudades que son más densas permiten que los residentes utilicen (y seguido prefieran) otros tipos de transporte no-motorizado como la bicicleta y la marcha. Como resultado de eso, las emisiones de combustibles fósiles disminuyen de una manera considerable y la calidad del entorno urbano mejora al mismo tiempo[90].

A pesar de ello, el incremento de la densidad puede también causar congestión en la circulación del tráfico vial y peatonal involucrando a muchas más personas y autos para concentrarlos en espacios más pequeños. El municipio debe entonces de anticiparse y planificar de acuerdo a esa realidad, para una más elevada demanda de servicios públicos en términos de vialidades y sistemas de transporte.

En este contexto, el mencionado municipio debe invertir para asimismo mejorar la capacidad de esos sistemas para compensar el aumento de usuarios. Sin una apropiada intensificación de infraestructuras, la densificación puede

---

[84] NEWMAN, P., y KENWORTHY, J., *Transport and urban form in 32 world's principal cities*, 1991.
[85] OWENS, S. E., *The implications of alternative rural development patterns*, (artículo no publicado), 1987.
[86] RICKABY, P. A., *Six settlements patterns compared*, 1987.
[87] ALEXANDER y TOMALTY, 2002.
[88] DAVE, 2010.
[89] MARTINEZ, H. y MACIAS, J., *México: Estudio de disminución de emisiones de carbono (MEDEC)*, 2009.
[90] LONDON SCHOOL OF ECONOMICS, *Density – a debate about the ebst way to house a growing population*, 2006.

provocar un decline en la eficiencia del transporte público así como embotellamientos en la vialidad de la ciudad[91].

Las autoridades no deben esperar que los residentes urbanos modifiquen inmediatamente su comportamiento en respuesta a la nueva infraestructura. Expertos en planificación urbana con frecuencia suponen que la oferta puede crear su propia demanda (al desarrollar nuevas redes de transporte público por ejemplo con la esperanza de que las personas abandonen automáticamente sus autos). Algunos estudios no obstante han indicado que frecuentemente existe una gran diferencia entre los objetivos de los planes de densificación y la realidad que estos producen. Un ejemplo de ello pasa en Londres, en donde a pesar del mejoramiento del transporte público, los mismos residentes todavía utilizan los autos[92]. De esta forma, para obtener buenos resultados en el aspecto de la movilidad, los gobiernos implicados deben utilizar antes que todo los recursos en disponibilidad (las TIC) para preveer soluciones.

Igualmente hay que hacer notar que la densificación con la aplicación de las tecnologías TIC (densificación inteligente) no es y no será la "panacea" que va a resolver absolutamente todos los problemas urbanos que le van a llegar a una ciudad. La densificación solamente busca la intensificación en el uso mixto de terrenos urbanos optimizando la superestructura ya existente en el lugar así como la infraestructura de servicios para satisfacer las necesidades de la mayoría de los habitantes y usuarios en un sitio en particular (el centro de la ciudad entre otros). En ese contexto, los gobiernos primero deben comprender qué tipos de densidad van a ayudar mejor a las ciudades a

---

[91] CHAN, Y. K., *Density, crowding and factors intervening in their relationship: evidence from a hyper – dense metropolis,* 1998.
[92] HOLMAN et al, *Coordinating density; working through conviction, suspicion, and pragmatism,* 2014.

alcanzar ciertos objetivos y cuál es la mejor forma para implementar las más apropiadas estrategias requeridas para cada comunidad.

Los distintos gobiernos deben tomar asimismo muy en cuenta los costos y los beneficios asociados a las estrategias de densificación para así evitar de instrumentarlas ciegamente. Adicionalmente, todos los gobiernos deben seriamente considerar la opinión de los ciudadanos, dado que se trata de su bienestar el cual será modificado ya sea de una forma positiva o negativa por las acciones de densificación. **El proceso de densificación inteligente (TIC) se convierte así en un instrumento muy poderoso de la planificación urbana.** Para llegar a su potencial pleno, su diseño e implementación deben mantener un enfoque muy centrado sobre el bienestar global de la ciudad. Para materializar y aprovechar las ventajas (y evitar los inconvenientes y los probables problemas asociados mencionados), los gobernantes y legisladores deben ajustar sus estrategias a cada contexto local.

G) Red de información geo-espacial integrada (TIC).

La implementación de una red de información (y de comunicación) geo-espacial integrada debe estar accesible y al día todo el tiempo para los probables usuarios, en otras palabras, para los diferentes segmentos de población. La red debe también de asistir a los involucrados a tomar la mejor decisión posible en un momento dado. El proceso de densificación depende de una buena red de información. Una robusta base de información geográfica debe incluir indicadores provenientes del desarrollo urbano a nivel nacional, regional y local, para poder planificar bien las acciones más apropiadas así como la evaluación y monitoreo continuo de sus impactos. Esta estrategia ayuda a proporcionar de una forma más rápida y precisa los servicios públicos requeridos, permite una adecuada valorización de los riesgos ambientales y puede notablemente mejorar la captación de ingresos públicos[93]. Paralelamente, la estrategia permite el monitoreo de políticas públicas de densificación. Los responsables del desarrollo urbano pueden utilizar el sistema de información geo-espacial (TIC) para visualizar y determinar el punto de crecimiento urbano deseado en función de la carga urbana admisible para cada caso, realizar la estimación de costos de nuevas superestructuras e infraestructuras urbanas y también identificar las zonas peor servidas de servicios.

Al tener más claro el futuro de la ciudad, los promotores podrán construir una con más confianza. Al tener acceso a una información de calidad (precisa, oportuna y actualizada) de los mercados inmobiliarios, los ciudadanos podrán participar en las discusiones públicas para mejor definir la dirección (de cómo y por dónde) su ciudad debe crecer y orientarse. Para lanzar un programa apropiado de densificación, hay que saber al menos en dónde se encuentran en la ciudad terrenos disponibles con capacidad de desarrollo adicional. Una información precisa y accesible del suelo urbano, es la clave para que los sectores público y privado tengan los instrumentos necesarios para fomentar esa densificación.

Por un lado la localización de terrenos vacantes para re-urbanizarlos llega a ser más fácil, mientras que por el otro, permite establecer y controlar los límites de expansión para mejor administrar el crecimiento de la ciudad. El reto principal de una red de sistemas de información geográfica (TIC) es la dificultad que la misma plantea para su correcta implementación. La

---

[93] FARVAACQUE, Catherine y McAUSLAN, Patrick, *Reforming urban land policies and intitutions in developing countries,* 1992.

cartografía que necesita la planificación debe incluir datos de diversas fuentes que no siempre están puestos al día ni compartidos entre los diferentes niveles de gobierno. Adicionalmente, los mapas y cartas geográficas deben incluir información no solamente de los terrenos urbanos disponibles sino de los agrícolas también, de las zonas de riesgo, del inventario inmobiliario, del de la vivienda. Una cartografía precisa debe hacerle frente a un crecimiento urbano rápido[94]. Tasas elevadas de migración (interna y externa) y de proliferación de asentamientos irregulares ("squatters") hacen más difícil el seguimiento oportuno de un crecimiento eficiente sobretodo en ciudades en desarrollo como lo es el caso de la Ciudad de Kinshasa o del de la misma Ciudad de México[95]. El crecimiento sin control y sin planificación representa un problema importante para las iniciativas de creación de instrumentos de información apropiados que contribuyan a un buen proceso de densificación. Una falta de coordinación retrasa igualmente el desarrollo de un preciso sistema de información geográfica al no existir en numerosos casos una central única que coordine el progreso sustentable de ciudades. En esos casos, mucha información permanece todavía descentralizada y difícil de encontrar.

Este conflicto de información hace que la correcta planificación de una ciudad resulte más complicada. A pesar de esa situación, existen casos como el de México, en donde se han considerado algunas iniciativas para implementar una red centralizada de información para desarrollo urbano, Esa implementación debe incluir indicadores de niveles de densidad para de esta forma promover los objetivos de generar lo mejor, ciudades más compactas[96]. Desafortunadamente, todavía se esperan los resultados prácticos de esto. Para

---

[94] *Ibidem.*
[95] RAKODI, Carole y LOOYD-JONES, Tony, eds., *Urban livelihoods: a people-centered approach to reducing poverty,* 2002.
[96] PNDU, *Plan nacional de desarrollo urbano 2014 – 2018,* México, 2014.

contar con una buena red de información urbana integrada se deben considerar cuatro importantes puntos: 1. Información socio-demográfica; 2. El registro del catastro de vivienda y de terrenos; 3. Información ambiental y riesgos ahí asociados; 4. Relación entre todos ellos.

En estos cuatro puntos, el diseño de una herramienta interactiva con geo-localización es crítica (inter-fase digital). Esa herramienta sería muy eficaz para evitar la separación inútil y confusa de información requerida (integración de información urbana reciente). Una integración de información urbana reciente permitirá la interacción a la vez de una gran variedad de aspectos de vivienda y urbanismo[97]. Esto incluye la localización geográfica de superestructuras urbanas por categorías de vivienda (social, accesible, etc.), capacidad actual, capacidad futura (posibilidades de expansión controlada), acceso a servicios disponibles, (escuelas, hospitales, supermercados, tiendas de abarrotes, bancos, policía, etc.), la localización geográfica de infraestructuras urbanas instaladas en el lugar tales como redes de alcantarillado, agua potable, electricidad, así como los servicios de transporte en común (metro, autobús, paradas, rutas, etc.)[98]. La información de la superestructura debe considerar en ese sentido una base de datos TIC con la oferta/demanda locales así como las categorías actuales de vivienda (casas, condominios, etc.); por su parte, la información de la infraestructura deberá considerar a la base de datos TIC que también incluya las reservas territoriales de la ciudad.

Toda esa información en conjunto motivará invitar a toda la sociedad (pública y privada) por ejemplo a registrar terrenos urbanos susceptibles de

---

[97] CONAVI (Comisión Nacional de Vivienda), *Sistema integrado de información geográfica SIG 3.0,* 2014.
[98] *Ibidem.*

desarrollo. Esto es esencial para un correcto proceso de planificación y densificación. Sin embargo, a la fecha, en muchas ciudades esa información se encuentra (si se encuentra) solamente a escala nacional, situación que complica mucho los análisis a nivel local. Igualmente, faltan asimismo importantes datos de densidad de población, riesgos ambientales, etc., y a veces los datos no están actualizados.

Al integrar los provenientes de diversas fuentes, se podría contar con una herramienta informática mucho más completa. Tener la información al detalle deseado a través de las TIC puede convertirse en la clave para diseñar mejores políticas de zonificación territorial. Desafortunadamente en muchas ciudades sobretodo de África y América Latina, no hay un acoplamiento entre las políticas y los trabajos técnicos que pueden apoyarlas. Con frecuencia por ejemplo, la relación entre los registros públicos de la propiedad y los valores catastrales desde el punto de vista geo-espacial, no existen[99]. Funcionan en base a procedimientos administrativos, técnicos, y normativos distintos. En ese contexto, no es posible asegurar la integridad de la información, dado que existen incoherencias de fuentes en la misma entre diferentes organismos. Las divergencias son tan significativas que hay organismos que la sistematizan informáticamente, mientras que otros, la procesan de forma manual por medio de croquis (bosquejos)[100].

A pesar de esa situación, hay que darse cuenta y reconocer los importantes esfuerzos a la fecha realizados para modernizar el procedimiento de registro y catastro público en ciertas ciudades del mundo. El más importante problema

---

[99] INSTITUTO NACIONAL DE ESTADÍSTICA, GEOGRAFÍA, E INFORMÁTICA – INEGI, *Programa de modernización y vinculación del Registro Público de la Propiedad y el Catastro,* 2010.
[100] *Ibidem.*

aquí ha sido la falta de continuidad entre las diferentes administraciones municipales, regionales y nacionales para alcanzar el objetivo principal de integrar (en este caso, un eficiente registro sobre una base de datos única a nivel nacional con la contribución de las mismas administraciones a diferents niveles). Al respecto, la zonificación territorial del espacio urbano es principalmente la responsabilidad de los municipios para llegar al diseño e instrumentación de planes de desarrollo urbano. Estos planes son críticos desde la perspectiva de la coordinación de la información ya que toman en consideración a todos los reglamentos y limitaciones que existen en las zonas urbanas para determinan el uso del suelo, ya sea residencial, comercial, industrial, o mixto. Adicionalmente, los planes definen asimismo las densidades máximas de vivienda y de población para diferentes terrenos, identificando las restricciones generales por tipología de edificación; se concentran igualmente en establecer jerarquías de vialidad capaces de planificar las nuevas y más apropiadas posibles para el futuro. En general, existen planes de desarrollo urbano en la mayoría de las grandes ciudades mundiales, pero en muchas de ellas, estos permanecen desconectados de cualquier otra red de información y no poseen un sistema de datos interactivo (TIC) con acceso al internet (Élie, M., 2001).

Esos planes solamente proporcionan alguna información en relación a restricciones de tipo constructivo por ejemplo pero no están conectados a ningún otro tipo de base de datos. Bajo esta perspectiva, es imperativo tomar en cuenta la heterogeneidad que existe en los registros de propiedad y catastro así como la desconexión administrativa, jurídica, y técnica subrayadas como componentes principales de la problemática antes citada. Situaciones de información no precisa pueden favorecer la creación de planes de desarrollo urbano municipales que no consideran de una forma detallada los problemas que existen.

En cuanto a la información ambiental, la idea en esto es de evitar la superposición de zonas urbanas por desarrollar y de zonas designadas como "protegidas" en relación al nivel de riesgo involucrado o a su importancia ecológica. Esto representa una etapa importante para la coordinación entre diferentes instituciones con objeto de integrar apropiadamente una red de información urbana única. Si hablamos de riesgos, el grado de vulnerabilidad de un territorio frente a diversos fenómenos que ponen en peligro a la sociedad es igualmente muy importante. Esa vulnerabilidad se relaciona con los riegos de tipo geológico, hidro-meteorológico, químico, sanitario entre otros, más los respectivos impactos socioeconómicos sobre las ciudades a nivel municipal, regional y nacional. De esto se desglosa que es entonces muy importante el contar con una buena integración de registros provenientes de diferentes fuentes. Sin esta integración, el proceso de planificación se vuelve lento y confuso tanto para el sector público como para el privado. Por ejemplo si un promotor quiere desarrollar un nuevo proyecto inmobiliario debe obtener de la zona datos sociodemográficos y de vivienda existentes, los posibles riesgos que el terreno presenta, la zonificación del suelo urbano y la existencia o no de servicios de superestructura e infraestructura.

La creación de una red de información integrada (TIC) facilitaría y mejoraría la planificación y evaluación de los programas de densificación a diferentes niveles. Contar con mucha información no es suficiente para alcanzar un óptimo desarrollo urbano. Lo importante es que la información esté integrada como ya se ha indicado, accesible y actualizada. Una buena coordinación entre informaciones es necesaria para unificarla en una sola plataforma TIC con objeto de poder promover e instrumentar buenos proyectos de densificación urbana. La coordinación de esa información va a permitir a los municipios actuar a tiempo con mucha mayor precisión con respecto a distintos terrenos así como desarrollar más y mejores herramientas informáticas de tipo público sobre un marco de permanencia y actualización constante. Esta información podrá no solamente servir para animar al proceso de densificación objeto de este trabajo, sino también, prevenir catástrofes, mejorar el ingreso municipal y orientar a las acciones de seguridad pública al igual que a otros tipos de políticas que incidan sobre el territorio urbano. Resulta así conveniente darle prioridad a la homologación de la información para generar nuevos y eficientes programas de densificación.

Al normalizar el procedimiento de vertido ("dumping") de información, la transferencia y consulta de la misma se facilita de manera exponencial. En este orden existirán fuertes esperanzas de poder llegar a la creación de una red de datos geo-espacial (y geo-estadística) integrada. Esta red tiene componentes y conexiones bien claros como para producir el género de información que una buena planificación urbana necesita. Una iniciativa de normalización de riesgos en una zona geográfica dada que esté basada sobre una guía fundamental para todos, va a motivar a los municipios a elaborar su cartografía e indicadores de riesgos de una forma homogénea. Esa iniciativa es sin duda un muy buen paso para adoptar el papel de coordinación de instituciones con la visión necesaria para mantenerse al corriente de lo que sucede en todo el país (municipal, regional, nacional) desde el punto de vista de un enfoque urbano.

Se ha asimismo dicho que las ciudades inteligentes serán las ciudades que van a trabajar con la asistencia de las TIC en el proceso de densificación con el propósito de llegar a una optimización del espacio urbano existente en relación a la superestructura e infraestructura ya instaladas en el lugar para disminuir lo mejor la expansión urbana sin control. Dentro de esta perspectiva, se considera a esa expansión urbana como a una verdadera invasora y sistemática destructora de la naturaleza. Cada ciudad es diferente, razón por la cual, cada proceso de densificación urbana debe ser asimismo diferente como se indica. Entonces, el diseño del proceso debe elaborarse tomando en cuenta las circunstancias de cada caso. En el contexto de un particular diseño, se debe primeramente establecer el tipo de panorama densificado deseable (el más conveniente posible) para cada ciudad en cuestión.

Cada panorama involucra diferentes grupos de indicadores de densificación. Como ya se ha mencionado, no es la misma cosa promover ese proceso en una ciudad con una gran capacidad de densificación demográfica (superávit de carga urbana) que en una ciudad con una pequeña capacidad de densificación (déficit de carga urbana en términos por ejemplo de una carencia física de espacio en el lugar deseado).

Una ciudad con un déficit importante de carga urbana no tendría la capacidad para motivar las necesarias expansiones demográfica y de vivienda (a veces misma vertical), en el centro de la ciudad. La falta de espacio físico como un importante indicador de densificación, impide de forma significativa la construcción de nueva vivienda para recibir adecuadamente a más inmigrantes en la zona geográfica en cuestión. Lo más aconsejable en este caso, sería de buscar alternativas de densificación urbana (en términos del espacio requerido para tal fin) en otras zonas como por ejemplo las zonas alrededor del centro, las peri-centrales.

H) Equilibrio demográfico en la densificación.

De la misma forma que se ha hablado de promover un equilibrio entre población – medio ambiente, se debe ahora de hablar de un equilibro al interior en el marco del proceso de densificación mismo, entre la oferta (las iniciativas de construcción de los promotores) y la demanda (llegada o no de nuevos residentes). En relación a la oferta, las tecnologías TIC pueden resultar muy eficientes para administrar mejor las futuras acciones de desarrollo. En relación a la demanda, las TIC a través de bancos de datos socioeconómicos y ambientales accesibles pueden asistir bien a los interesados en los respectivos análisis costo/beneficio que se requieran. La transmisión a tiempo de los principales factores que juegan un papel importante en la subsecuente toma de decisiones representa la optimización de recursos económicos y financieros impidiendo un importante desperdicio de ellos. Una buena toma de decisiones es fundamental en el accionar humano. Los impactos van a traducirse no solamente: 1. en términos sociales, 2. económicos, o 3. ambientales sino también en términos 4. administrativos y 5. políticos para los dos sectores público y privado. Si la ciudad alcanza el nivel de equilibrio demográfico buscado centro – periferia gracias a una densificación apropiada, las ganancias que de eso resulten serán para todos.

1. Desde el punto de vista social, el equilibrio demográfico entre todos los componentes urbanos de una ciudad, ofrece la posibilidad de promover la ética del buen desarrollo al disminuir el nivel no ético (de desvalorización) del mismo. Cuando todos los componentes se equilibran demográficamente, las oportunidades de tener un acceso uniforme a la superestructura e infraestructura sean en proyecto o ya construidas, van a incrementarse evitando el congestionamiento o abandono de las mismas. Utilizar la red de metro en la Ciudad de México es casi imposible en horas pico en ciertas zonas de la ciudad en razón del congestionamiento y cantidad de personas que tienen necesidad de transportarse al mismo tiempo a los mismos lugares. Asimismo, el aeropuerto internacional de Mirabel en la Ciudad de Montreal ha sido cerrado y finalmente olvidado como tal debido al abandono antes mencionado.

Estos dos ejemplos muestran muy bien el peligro de una falta de equilibrio de densidad sea de un lado o bien del otro que puede en ciertos casos incluso animar a actividades criminales como robos, violaciones, secuestros, etc., (ética contra no ética o desvalorización urbana). Los dos extremos de congestionamiento o de abandono no ayudan al desarrollo inteligente y sustentable de una ciudad y al control (o al menos reducción en la velocidad) de la desenfrenada expansión urbana.

2. Desde el punto de vista económico, la densificación acarrea beneficios importantes al asunto ética – no ética. La ética del buen desarrollo se traduce aquí en términos de una apropiada planificación para el caso particular, siempre apoyada sobre los resultados del citado análisis costo / beneficio para todo mundo (sector público, privado, residentes, contribuyentes, etc.). Bajo este ángulo, la optimización de recursos (lo que significa invertir lo suficiente para obtener lo mejor) es el producto final del análisis con la asistencia de las plataformas TIC. Desde el punto de vista de la planificación, los análisis costo / beneficio representan uno de los elementos de juicio claves para evaluar la viabilidad de una situación urbana en términos de toma de decisiones. Así como situación urbana, la viabilidad del proceso de densificación de un sitio depende del resultado antes citado. Un mal resultado o una mala interpretación se convierten en problemas urbanos a veces difíciles de resolver. Las TIC nos asisten a visualizar mejor los puntos a favor y los puntos en contra de cada situación para garantizar lo mejor el equilibrio demográfico requerido. Ha habido casos en donde las superestructuras del lugar se han encontrado saturadas por la demanda o bien abandonadas como antes se mencionó debido a errores de visión en función de su futuro. En los espacios urbanos al principio no saturados, el crecimiento progresivo de viviendas más densificadas de la región noroeste de la ciudad de Madrid (localidades "Las Rozas", "Majadahonda", "Boadilla del Monte" junto con las autopistas de "La Coruña" y "Extremadura") en España, le presentó a las autoridades españolas durante la década de los 80 un auténtico desafío para dotarlas lo más pronto posible de la infraestructura necesaria para apoyar tal crecimiento (costo)[101]. Al contrario, el abandono de las instalaciones olímpicas de Atenas en Grecia ha causado que hoy en día se encuentren en una situación de decadencia notable, completamente olvidadas después de su inauguración en 2004 (costo). Los dos ejemplos son igualmente muy buenos de una falta de equilibrio demográfico en las ciudades.

El costo asociado a la expansión urbana les implica déficits financieros a los estados modernos así como fuertes consecuencias. Para todo el mundo, una ciudad extendida es una ciudad muy cara. Entre más se extiende la ciudad, más caro resulta introducir nuevos servicios de infraestructura. El funcionamiento de la "nueva" ciudad extendida tiene también un costo no solamente directo (inversiones en infraestructura) sino también indirecto en términos de tiempo y distancias a recorrer. La ciudad inteligente aprovecha las instalaciones centrales de servicios ya existentes en el lugar para satisfacer primeramente la demanda requerida con la oferta disponible en un momento

---

[101] MONTOLIU, Pedro, *La zona noroeste de Madrid puede quedar congestionada en pocos años*, EL PAÍS, 28 de junio de 1981, Madrid España, consultado el 04/08/2018, https://elpais.com

dado y en segundo para intensificarlos lo mejor posible por medio de la expansión inteligente y sustentable de la oferta misma.

3. Desde el punto de vista ambiental, el equilibrio de densidades limita más eficientemente el abuso de terrenos naturales y su excesivo desperdicio.. Desde una perspectiva ética / no ética, esta obra señala al abuso de la selva del Amazonas en Brasil reforzado por la sobrepoblación a través de nuevas urbanizaciones (expansión urbana) para beneficiar en primer lugar a los exclusivos intereses de los promotores inmobiliarios privados apoyados por la planificación tradicional. Asimismo se recuerda a la falta de cuidado que muchas selvas y bosques desforestados en el mundo a la fecha todavía sufren (como es el caso de los bosques ecuatoriales en la República Democrática del Congo que exigen una urgente reforestación) debido al abandono acelerado de autoridades y residentes, todo lo cual es otro punto importante a considerar. Es posible afirmar que al reorientar la dirección del crecimiento urbano del exterior al interior, la preservación de esas zonas verdes queda automáticamente más asegurada. Al respecto las TIC pueden contribuir con inventarios de recursos naturales de la zona tratada para de esta forma poner a disponibilidad de los interesados la información requerida por los análisis de vulnerabilidad geológica, hidrometereológica, química, sanitaria indicados (análisis de riesgos).

Con esta información los planificadores podrán trabajar mejor en el refinamiento o mismo en el diseño de nuevas políticas que van a garantizar un crecimiento más inteligente de ciudades. Esta acción va a permitir igualmente tener planes de desarrollo urbano más convenientes que respeten la sustentabilidad del desarrollo. Dicha tarea tácitamente implica mucha responsabilidad como humanos y profesionales en planificación en donde el único beneficiario de todo ese éxito será el planeta y su supervivencia para las generaciones futuras (principio del desarrollo sustentable). El mejoramiento en el funcionamiento de las ciudades tendrá asimismo fuertes impactos muy inmediatos sobre el mejoramiento en el funcionamiento de la naturaleza también. Una (la ciudad) no puede vivir sin la otra (la naturaleza). Aquí el vínculo es similar al de las olas del mar que van y vienen en donde los movimientos de "olas de densificación urbana" van y vienen de la misma forma (centro > zonas periféricas > centro). Esas olas de densificación urbana representan los movimientos demográficos de crecimiento o decrecimiento en una ciudad. Se les puede estimar con la ayuda de la estadística matemática (TIC) para permitir evaluar sus impactos en el marco de la planificación. El producto en términos de toma de decisiones se convertirá en un procedimiento no solamente más inteligente sino más técnico y objetivo para todo el mundo (los interesados). La discusión y actual debate sobre el cambio climático (calentamiento del planeta) es un asunto muy serio que está relacionado al asunto de la preservación de la naturaleza (la preservación del "verde").

En esa dirección, las TIC facilitan esa preservación eficientemente. La transmisión de una información precisa y puesta al día será en tiempo y dinero un esfuerzo muy útil. Entre más tiempo pase más importantes serán los daños a la naturaleza y a las ciudades. No nos resta mas que evitar a cualquier precio los daños indicados ya que de lo contrario el proceso de reparación será muy costoso y a veces casi imposible de superar por los gobiernos debido a su fuerza y amplitud.

4. Desde el punto de vista administrativo, la falta de coordinación entre los actores del proceso de densificación es uno de los problemas que las ciudades que no son inteligentes conocen en la actualidad en el mundo (sobretodo las que se encuentran en países en vías de desarrollo). Mismo si contamos con una buena información en el plano social, económico y ambiental (precisa, actualizada y disponible a tiempo) para apoyar a la ética del buen desarrollo y abatir su no ética (desvalorización) la falta de una adecuada coordinación puede muy fácilmente conducir a todo el proceso de densificación a un fracaso de importancia. Los fracasos de envergadura son de larga duración y le ocasionan costos asimismo importantes a toda la sociedad. Esta situación a la vez implica grandes inversiones para reparar los errores cometidos.

Lograr una buena coordinación de actividades no es fácil. Se debe centrar rigurosamente la atención sobre un conocimiento profundo de las redes urbanas a administrar para así poder aplicar los principios de organización y sincronización de la citada información lo mejor, con el propósito de impedir ya sea la superposición o la dispersión de la misma. Los dos extremos tienen consecuencias negativas para la planificación de ciudades. Conducen a una importante desorientación y pérdida significativa de recursos humanos y materiales. El producto o resultado de tal situación será un resultado equivocado que no va a satisfacer las necesidades de las personas. La falta de satisfacción va a causar como cascada, cambios de residencia a veces masivos del sitio que se había querido mejorar y densificar (sector central de la Ciudad de México) alentando aún más bajo esa perspectiva al proceso de expansión urbana.

En México la parte administrativa del proceso de densificación es el apoyo estratégico que dicta las acciones a tomar, el cual se ha caracterizado por una mala coordinación vertical y horizontal de actores. La coordinación vertical es el enlace entre los diferentes niveles de gobierno por ejemplo mientras que la coordinación horizontal es el enlace entre diversas oficinas del mismo nivel.

Hay tres niveles de gobierno en México: municipal, estatal y federal los cuales intervienen de una forma o de otra en la elaboración de los diferentes planes de desarrollo con la participación de numerosos grupos de la iniciativa privada (consultores). La deficiente coordinación entre todos ellos frecuentemente ocasiona graves problemas de desinformación colectiva en términos de políticas y planes que pueden resultar muy contradictorios en un momento dado, todo lo cual va a mal administrar el crecimiento inteligente de las ciudades mexicanas. Una sólida plataforma de información TIC es una alternativa viable para resolver las dificultades de comunicación. Esa plataforma va a permitir planificar mejor las diferentes intervenciones que se requieren para los niveles mencionados con objeto de verificar la consistencia de ellas por medio de procedimientos de evaluación y monitoreo de impactos.

5. Desde el punto de vista político, la densificación se convierte asimismo en un asunto pertinente para las autoridades municipales, estatales y federales. Tener la voluntad política para actuar en este sentido es crítico para el proceso de densificación. Sin una voluntad política apropiada, el proceso no existe. Es necesario convencer objetiva y subjetivamente a todos los actores del proceso de la existencia de una voluntad fuerte para actuar juntos como un equipo de trabajo bien afinado, un equipo que se denomina "sociedad". Sin la convicción de las gentes, el proceso tampoco tiene valor. Bajo una perspectiva ética, toda voluntad política debe concentrarse en el bienestar de los residentes desde el punto de la satisfacción y confort entre otros con el lugar de residencia. A medida que se alcance dicho objetivo la no ética o desvalorización urbana significativamente disminuirá. El problema más grande de las ciudades en la actualidad es la corrupción que existe por todos lados para favorecer al dinero, la ganancia personal a cualquier precio, lo que quiere decir que los intereses económicos de la poderosa minoría tendrán casi siempre la prioridad sobre los intereses sociales y ambientales de la débil mayoría. Lo que nos hace falta es un cambio paradigmático para promover la buena voluntad política.

Esta última permitirá instrumentar encuestas públicas para mejorar la base del siguiente proceso: elaboración de políticas urbanas > planificación > elaboración de planes de desarrollo sustentable > acciones > densificación > preservación de la naturaleza > satisfacción y confort de residentes. En el proceso indicado las encuestas es lo más importante para el éxito del producto final como se indica. La ciudad como tal (lo vivido, la ética de las calles, la no ética de las calles, los problemas, etc.), no la conocen los "expertos" en planificación urbana sino mas bien las personas comunes y corrientes, los residentes del vecindario tratado de manera cotidiana. Al "interpretar" los sentimientos y la opinión de las personas sin consultarlas, los "expertos" planificadores se arriesgan mucho a cometer graves errores. Ellos deben implementar mejor las encuestas públicas para conocer cuál es la percepción de los ciudadanos en un preciso momento con el objetivo de evaluarla e interpretarla bien, a veces de forma mismo matemática (TIC) así como conceptual.

Los diversos responsables del crecimiento de las ciudades (sectores público y privado) deben de promover la participación pública cuando sea necesario, siempre para eliminar lo mejor el riesgo asociado de un error. Las plataformas de información TIC (entre otras los bancos de datos) son muy dependientes de la colección sistemática de los mencionados en donde la gente puede expresarse libremente de su vecindario. En ese sentido hay que evitar lo más posible todas las elaboraciones e interpretaciones que vienen de dichos "expertos" dado que en el mejor de los casos, ellos ofrecen una visión parcial de la situación urbana en turno y en el peor, pueden muy bien favorecer a los intereses económicos de ciertas personas y grupos sobre los sociales y ambientales del pueblo (el caso de algunos de los países de África y América Latina). Se ha entonces repetido en esta parte de este trabajo que las ciudades inteligentes serán las que se apoyen en tecnologías TIC para integrar la ética social, económica, ambiental, administrativa y política al desarrollo sustentable con el propósito de reducir la desvalorización no ética que existe. Pero… ¿cuáles serán las responsabilidades de la ética y la no ética en términos de una desvalorización en un medio urbano desde una perspectiva sociológica?

I) Posición de la ética – no ética.

Una ciudad inteligente no está exenta de situaciones que no son éticas, como lo ilegal por ejemplo. Es una ciudad en donde la inteligencia no se mide por el grado de moral de su población. No se puede descartar lo no ético e ilegal en el desarrollo urbano. Pero en una ciudad inteligente, la ética ocupa su lugar al concebir la planificación urbana, la infraestructura y todos los recursos naturales en función del desarrollo completo del hombre y de su dignidad (Doran, 2014). El ser humano en una ciudad inteligente es el centro de su desarrollo urbano sustentable y solidario. Adicionalmente, en una ciudad inteligente la conciencia ecológica debe ocupar su lugar también dado que el hombre no es el único ser inteligente; en una perspectiva postmoderna debemos respetar tanto a la fauna así como estar atentos al medio ambiente. Es entonces que bajo esa perspectiva ética, ciudades como la de México y otras deben participar en el debate de la sociedad para comprender sus desafíos y retos, para saber qué pasa en otros países con objeto de elaborar políticas más apropiadas para participar de esta forma en el marco de una responsabilidad compartida con los esfuerzos colectivos que en otros países tengan lugar. El segundo capítulo de esta obra asistirá a comprender mejor esos desafíos y retos tanto sociológicos como geo-históricos a los que las ciudades inteligentes se enfrentan.

CAP. II. DESAFÍOS Y RETOS SOCIOLÓGICOS Y GEO-HISTÓRICOS DE LAS CIUDADES INTELIGENTES

Posterior al primer capítulo que explica la epistemología de las ciudades inteligentes resaltando los principales factores que permiten reconocer a una ciudad como inteligente, el segundo capítulo se concentra más en los desafíos y retos sociológicos y geo-históricos de esas ciudades inteligentes frente a procesos de urbanización planificados y los no planificados que han ocasionado problemas muy significativos. La posible solución a esos problemas (con la participación de sistemas inteligentes conectados a las nuevas tecnologías TIC), tendrá como propósito el lograr que una administración sea más eficiente en relación a los recursos económicos y naturales disponibles.

En ese marco debemos de recordar que actualmente un 54 % de la población mundial ya vive en áreas urbanas y un 66 % lo hará en el umbral 2050 (United Nations, 2014). Entonces el rápido crecimiento que la población urbana experimenta así como los asociados procesos de urbanización sobretodo los no planificada han sido de una forma o de otra la base para la creación de ciudades mucho más complejas las cuales se enfrentan a numerosos desafíos. Esa situación nos invita a repensar, redirigir y reorganizar nuestros sistemas de ciudades para mejor adaptarnos a las exigencias actuales a través de nuevos modelos, planes y estrategias de desarrollo sustentable. Al respecto las mismas Naciones Unidas indican la necesidad de tener un modelo de ciudad inteligente que considere de ser posible, a la totalidad de aspectos que existen en una sustentable con una visión integral que tome en cuenta a las personas y no solamente al dinero como elemento esencial del desarrollo (United Nations – Habitat, 2015). Bajo esta perspectiva, el modelo de ciudad inteligente emerge para intentar resolver los desafíos de las ciudades contemporáneas en términos de sistemas inteligentes conectados. Tres importantes desafíos que se convierten en auténticos retos para esas ciudades destacan bajo ese panorama:

- Desarticulación entre población (demografía) y Geografía (medio ambiente). A medida que el tiempo avanza, el aspecto demográfico en los países del hemisferio Norte le planteará serios problemas al aspecto del desarrollo. En el contexto del altamente cuestionable fenómeno de migración, no podemos pasar por alto el hablar del implícito desequilibrio. Actualmente en algunas de las más grandes ciudades de ese hemisferio existen cada vez más personas denominadas adultos mayores (edad de oro) y menos jóvenes trabajadores capaces de sostener a las primeras ya jubiladas. Las consecuencias de esta situación serán enormes para las ciudades inteligentes. ¿Cómo se puede apoyar la idea de ciudad inteligente que esta obra menciona frente a una situación de desequilibrio demográfico como el que se cita? ¿Quién podrá sufragar financieramente los gastos que una ciudad inteligente exige con poblaciones económicamente activas cada vez más reducidas y que se apoyan en la gamancia personal mas que en la del colectivo?

No sólo para los países del hemisferio Norte sino también para los del Sur, ese desequilibrio será igualmente inevitable. No obstante que muy probablemente se producirá en estos últimos un incremento en la población joven y una disminución en la de adultos mayores, una gran mayoría de la primera está sin empleo hasta en un 70 % en algunos de los países con poblaciones ya importantes como Nigeria con 59, 873, 079, Etiopía con 53,

185, 009, Egipto con 30, 828, 004 todos para 2019 (United Nations, 2014).por citar sólo a algunos de ellos. En ese orden, ¿cómo se podrá cimentar una sociedad viable, económicamente fuerte bajo esas circunstancias? En este panorama, resultará más difícil promover la creación de una ciudad inteligente con menos recursos. El ambiente que rodea a tal creación exige por su naturaleza mayores recursos financieros: un transporte más inteligente, una adecuada distribución de energía, del agua potable, una conveniente comercialización de la alimentación, canalización de basura, mantenimiento de espacios ecológicos para conservar la calidad de vida… Es así que en el contexto de una apropiada articulación entre desarrollo sustentable y calidad de vida es problemático de prever la creación de una ciudad inteligente en un ambiente en donde el desarrollo sustentable estará ausente dado que éste último siempre se aboca a mejorar la calidad de vida reinante, económicamente apoyado.

- Cambio paradigmático. En el marco de los retos a superar por las ciudades inteligentes, se señalan las dificultades que se pueden presentar para acceder a una ciudad así en términos de un cambio paradigmático de la sociedad en su conjunto con objeto de favorecer mejor la adopción de patrones de sustentabilidad y de mejorar la calidad de vida local. En esa situación, la geografía del medio tendrá un considerable impacto en la calidad de vida de las personas que habitan un dterminado sitio desde el punto de vista social que se encuadra todo en una ciudad con inteligencia.

- Ética, no ética. Asimismo se deberá tener muy en cuenta en el desarrollo urbano de esas ciudades a la ética y no ética presentes. ¿Cómo la ética podrá imponerse en un nuevo ambiente como el de las ciudades que esta obra promueve? A través de la historia se ha presenciado que las ciudades están en crecimiento constante. Se trata de una situación normal frente a una mayor esperanza de vida de los humanos. El problema principal recae sobre los equilibrios al exterior población – geografía en términos de la excesiva extensión horizontal de ciudades y al interior entre población – ambiente. Al respecto se vuelve a hacer énfasis en lo muy extendido que algunas de las grandes ciudades se encuentran hoy en día lo que significa que el crecimiento demográfico (más lento) dado no corresponde al crecimiento geográfico (más rápido) dado en términos de superficie (km2). Mismo las ciudades identificadas actualmente como "medianas" estan ocupando cada vez más, mucho espacio geográfico. Como ejemplo citamos a la ciudad de Frankfurt Am Main una de las más importantes ciudades en Alemania la cual tiene una población relativamente baja de solamente 2,517,561 habitantes pero distribuidos sobre una gran extensión de 4,301 km2[102] en comparación con megalópolis como Tokio, Nueva York, México, São Paulo, por ejemplo. En la misma dirección se encuentran ciudades más pequeñas como el centro turístico de Cancún en la península de Yucatán, México, el cual en solamente cinco años (2005 – 2010) vio aumentar su población solamente en un 16% pero a su superficie urbana en un 110% (SEDESOL, 2012). Una expansión como esa tendrá consecuencias graves que serán difíciles de revertir sin la participación de un proyecto de política pública que concentre su atención al crecimienot excesivo.

Así, los tejidos urbanos fragmentados debido a una extensión exagerada de sus superficies pueden fácilmente producir situaciones de segregación y aislamiento para los residentes así como de importantes costos para un desarrollo sustentable apropiado de sus centros desde la perspectiva por

---

[102] EUROSTATS URBAN AUDIT, 2018.

ejemplo de la integración de servicios públicos, de la preservación del medio ambiente, etc. Es así que lograr un equilibrio entre los dos conceptos implicados de población – geografía (incontrolable extensión horizontal de ciudades) representa todo un reto de envergadura para autoridades y comunidad desde el punto de vista sociológico e igualmente geo-histórico.

I. DESARTICULACIÓN POBLACIÓN – GEOGRAFÍA.

La demografía actual y futura representa un desafío y un reto en el contexto de la ciudad inteligente. Al interior de una ciudad de este tipo, las políticas demográficas deben permanecer bien definidas y bien establecidas. Una ciudad inteligente deberá contar con una población activa y una población semiautónoma equilibradas para que la gente activa se encargue de la semiautónoma. Como en un reto, la población activa aspira ser un recurso de riqueza financiera que pueda convertir en viable a una ciudad inteligente. Por ejemplo la República Democrática del Congo (RDC) y los Estados Unidos Mexicanos (EUM) verán en desequilibrio a las poblaciones de algunas de sus más grandes ciudades incrementarse significativamente hacia el umbral 2050.

Para evitar una explosión demográfica de magnitud y también sin control, deberemos replantear una demografía que sea proporcional a toda ciudad inteligente en esas ciudades de Kinshasa y de México. Deberemos repensar nuestra manera de planificar el hábitat en términos de una arquitectura geográfica densificada. En ese orden, ciertas construcciones deberán ser demolidas en beneficio de otras. Se necesitará que algunas estructuras urbanas se re-densifiquen para respetar los espacios ecológicos. Debemos prever que en ciudades como las mencionadas se puedan incluir espacios de reposo para los adultos mayores, de diversión para los pequeños y verdes para un ambiente más agradable durante la estación estival entre otros. Tendremos que crear espacios de cultivo para la agricultura urbana. Deberemos cambiar la lógica de la expansión urbana periférica por la lógica de la re-densificación urbana central.

Esta nueva configuración deberá presionar a los gobiernos para rediseñar las comunicaciones en términos de una nueva vialidad que haga frente con más éxito a los serios problemas del tráfico citadino, así como del rediseño de nuevos sistemas de canalización de aguas negras para reciclarlas. No únicamente el agua limpia y la energía deberán ser redistribuidas equitativamente, sino también el transporte público e individual que serán apoyados por políticas bien definidas. La demografía se convertirá entonces en un desafío económico si no se instrumentan más justas y más transparentes políticas para reglamentar las cosas. Kinshasa, México y otras grandes ciudades tal y como son concebidas hoy en día representarán un obstáculo al advenimiento de ciudades más inteligentes.

Actualmente, Kinshasa, México, Montreal, Nueva York, etc., viven bajo el patrón de la expansión urbana con edificaciones más que anárquicas. En horas-pico el tráfico es demasiado. En tiempo de lluvia, a veces se producen precipitaciones torrenciales y diluvianas que ocasionan inundaciones de importancia y daños debido a erosiones y falta de canalización apropiada. En muchas de las grandes ciudades mundiales, los espacios verdes se reducen cada vez más. Esas ciudades deben redefinir los espacios habitables para respetar a los verdes. En suma, para preparare al umbral 2050 esas ciudades deberán adoptar políticas de re-densificación urbana, replantear las de transporte, de distribución de agua limpia y de energía, y de reconducción de aguas para reciclado.

La demografía se presentará como un desafío y un reto al medio ambiente el cual dependerá de la demografía misma. En un espacio más denso se necesitarán más recursos para los habitantes. Así un mayor consumo, implicará más basura que tendrá que ser reciclada para que el espacio social guarde una habitabilidad a nivel de calidad de vida. Si las ciudades inteligentes deben equilibrar la demografía, deberá asimismo "sanitizar" al medio ambiente para conservar a los espacios verdes, a los cultivables, en buen estado.

Es así bajo esta perspectiva que uno puede pensar en un desarrollo sustentable. Desde el punto de vista de la semántica el concepto de desarticulación ("désarticulation" en francés) de acuerdo al Diccionario Larousse de Lengua Francesa[103] significa "yuxtaposición de elementos ligeramente relacionados en donde el desarrollo de unos no implica necesariamente el de los otros". Entonces cuando uno de los elementos (demografía) se desarrolla, el otro o no se desarrolla, o al menos no se desarrolla a la misma velocidad (extensión horizontal). Los dos conceptos en cierto sentido se correlacionan negativamente. En el universo de las ciudades esa correlación implica un aumento en la tasa demográfica en perjuicio del medio ambiente (exagerado consumo de espacios rurales). El resultado de este proceso se traduce en términos de un notable decline del medio ambiente tanto en las zonas de la ciudad misma, como en las rurales muy difícil de superar. Según la experiencia, la recuperación de espacios verdes perdidos a manos de la urbanización es un sueño que no se convierte en real en el

---

[103] ÉDITIONS. LAROUSSE. https://www.larousse.fr/dictionnaires/francais/desarticulation/24235

contexto de un crecimiento demográfico y sobretodo geográfico sin control de ciudades. Los estragos que se causan a la naturaleza han sido y serán más desastrosos para la calidad de vida de todos los humanos. Una muy importante desarticulación población – extensión ha tenido lugar.

A) Consecuencias del fenómeno.

En el siglo XX, las consecuencias de tal crecimiento urbano fueon críticas. Mientras que las superficies grises (el concreto de calles) aumentaron en extensión, las verdes (vegetación) se redujeron. El calentamiento climático, la contaminación, la reducción del hábitat natural de la fauna, las invasiones humanas al mismo, etc., son algunas de las consecuencias de las acciones de expansión urbana a nivel mundial. Bajo un panorama de reducción de la desarticulación población y extensión (geográfica) para administrar mejor la presión ejercida por el crecimiento horizontal de la ciudad y aproximarse así al equilibrio antes citado, es imperioso fomentar verdaderos patrones de desarrollo sustentable e inteligente en medios urbanos y rurales. Es en ese sentido que se podrá disminuir el ritmo de la expansión a través de la recuperación del equilibrio en el crecimiento población – extensión horizontal de ciudades. No es de ninguna manera ético continuar con el significativo abuso de tierras naturales para el exclusivo beneficio de la población suburbana que en muchos casos no es numerosa.

El "desarrollo de la ganancia personal" que desafortunadamente todavía dicta la dirección a seguir en planificación regional y urbana es un ejemplo representativo de lo no ético. He aquí los retos sociológicos y geo-históricos de ciudades. Es entonces bajo esa situación que las ciudades deben cambiar el paradigma según el cual aún se desarrollan. Un desarrollo sustentable con la utilización apropiada de las TIC's representa una alternativa viable para superar los problemas presentados por el desarrollo actual. Resulta así muy necesario anteponer el interés del planeta entero (clima, naturaleza, fauna,…, humanos) a la búsqueda del interés personal. La optimización de los espacios centrales en las ciudades (re-densificación) por medio de construcciones verticales, de construcciones en terrenos baldíos en el centro de ellas, surge como un útil recurso para llegar a esquemas de desarrollo más sustentables. Las ventajas de dicho proceso de re-densificación según la capacidad de carga urbana del lugar tratado son muchas entre ellas:

1. accesibilidad de la ciudad. Desde el punto de vista de los retos sociológico y geográfico – históricos la re-densificación mejora la accesibilidad de una ciudad[104],[105]debido a que la población vive más próxima de sus centros de trabajo, estudio, consumo y juego. El objetivo aquí es el de proporcionar actividades apropiadas a los distintos usos de suelo para apoyar de manera más conveniente el empleo múltiple de los espacios urbanos centrales. En el marco de una elaboración de políticas de desarrollo sustentable, los programas que de ahí se desprenden deberán tomar en cuenta las necesidades de los residentes en un momento dado para recomendar las acciones más pertinentes. Al respecto, **las encuestas de opinión "in situ" son un medio útil para conocer no solamente las citadas necesidades, sino también las preferencias, los gustos, las costumbres sociales, y las tradiciones locales de las personas para encuadrarlas adecuadamente a los esquemas de adopción digital** y de desarrollo deseados.

Con la asistencia de bancos de datos TIC es posible elaborar el tratamiento técnico que apoye la toma de decisiones sobre cierto problema. Sin un

---

[104] ALEXANDER, D., Y TOMALTY, R., 2002.
[105] CHURCHMAN, A., 1999.

proceso de consulta pública, la toma de decisiones por los "expertos" en la materia no es ética ni profesional. Al contrario se trata de una situación que muy bien puede conducir a situaciones no éticas en un cuadro de graves errores de planificación. Esos errores acarrearán importantes consecuencias en la vida cotidiana de los residentes por un largo período dado que a veces es difícil de repararlos a tiempo.

Reparar errores implica costo y esfuerzo con frecuencia para la comunidad (municipio–ciudadanos) en su conjunto. Al mismo tiempo, el "efecto de cascada" ejercerá una poderosa influencia sobre las zonas vecinas que puede muy bien empeorar la situación general de una manera exponencial. El resultado de todo eso no será bueno. Debemos reaccionar a tiempo para prever las consecuencias de la re-densificación al futuro antes de aventurarse en la incertidumbre. Los procesos de re-densificación son siempre buenos pero se necesita saber cómo administrarlos lo mejor posible para el beneficio colectivo con objeto de evitar así posibles consecuencias muy negativas. En el caso del acceso central a los sitios de trabajo, de estudio, de consumo, de recreación, si esa accesibilidad es excelente, puede aumentar el tráfico local así como el congestionamiento vehicular[106]. Aquí, las TIC pueden muy bien asistir a los planificadores urbanos proporcionándoles una información más precisa sobre las características, capacidad, condición y circulación vial, de estacionamiento, de reglamentos vigentes, de horas–pico, etc., para poder bien recibir así determinada densidad adicional en este caso de vehículos en un momento dado, previendo situaciones difíciles.

2. atracción central. Los programas de re-densificación deben implementar acciones éticas para motivar una mayor inversión en la localidad

---

[106] *Ibidem.* TELLO, C.A., 2018.

y por lo tanto aumentar la atracción central. Los distritos/colonias considerados (más re-densificados) atraen la construcción de viviendas, comercio y turismo, en otras palabras, revitalizan las zonas urbanas involucradas. Asimismo, la re-densificación puede atraer más y mejores servicios de salud (muy necesarios en una gran ciudad como la de Montreal por ejemplo), de educación, de cultura, de recreación, de infraestructura, de transporte desde el punto de vista de su capacidad y eficiencia, explorando tecnologías más avanzadas para dar origen a nuevos medios más sustentables, etc., todos servicios de mejor calidad. En lo que toca a la utilización de esos servicios, la re-densificación los optimiza presionadolos a mejorar, al aumentar el número de usuarios.

Los beneficios mencionados corresponden en primera instancia a la creación de una masa crítica que apoye apropiadamente a la economía local (el comercio), aumente las posibilidades de encontrar un empleo cerca y finalmente aumente la productividad. Del lado de los impactos negativos no éticos esta obra identifica al incremento del precio del suelo urbano[107] en el centro de la ciudad, de las propiedades, de las rentas (expulsión de gente pobre), de los servicios municipales todo ya mencionado y muy importante, a la posibilidad de reducir el desarrollo de los distintos distritos/colonias/barrios vecinos debido a la competencia con los que están más revitalizados y re-densificados.

Algunos de los retos existentes son los que se han expuesto. Para superarlos apropiadamente las tecnologías de la información TIC pueden servir para sensibilizar a los interesados sobre las posibilidades de un desarrollo accesible en los barrios centrales desde la perspectiva de su atracción. Las TIC tendrán

---

[107] HITCHCOCK, J.R., 1994.

grandes bancos inteligentes de datos para alcanzar el nivel de sensibilización requerido por cada caso y situación particular. Al utilizarlos la publicidad que se haga a favor de los beneficios que la atracción central implica, ayudará a convencer a la gente involucrada a prestar más atención tanto de forma política como económica al lanzamiento de más iniciativas de revitalización y re-densificación en el centro urbano. Asimismo los citados bancos de datos podrán proporcionar reportes técnicos sobre las condiciones sociales, económicas (viabilidad financiera), físicas, de los sitios bajo consideración por los programas de re-densificación. En el panorama aquí expuesto, la probabilidad de presenciar una mejor articulación población – geografía se podrá materializar para el bienestar colectivo desde la perspectiva de un desarrollo más sustentable y de una calidad de vida (y de lugar) más satisfactorias. Las ciudades inteligentes de nuestro siglo tienen de su lado a una tecnología de punta para alcanzar esa esperanza.

3. segregación y exclusión central. Los desafíos y retos sociológicos desde el punto de vista de una desarticulación población – geografía son en ese contexto, fuertes. La ética frente a la no ética bajo la óptica de la segregación y de la exclusión[108] son temas críticos susceptibles de discusión. Los fenómenos de segregación y de exclusión son característicos de las ciudades sobretodo de las grandes ciudades de hoy en día. Las ciudades muy extendidas están más expuestas a fracturarse social, económica y ambientalmente (Tello, C.A., 2022). Las relaciones e interacciones de ellas se reducen y crean ambientes separados (segregación y exclusión). Esta situación puede significativamente afectar desde el ángulo de la sicología, a los residentes de los barrios más desprotegidos (desposeídos) y motivarlos a

---

[108] LEHMAN & ASSOCIATES, 1995, (citados en CHURCHMAN, A., 1999).

desarrollar fuertes sentimientos de inferioridad muy difíciles de resolver en el futuro. Siempre en un marco de desarrollo sustentable y de un esquema población – geografía, el proceso de re-densificación ayuda por definición a mejor integrar a los habitantes del centro urbano por ejemplo para reducir a las mencionadas segregación y exclusión social locales. Una ciudad inteligente re-densificada concentra a las personas sobre una zona más pequeña como se ha indicado en donde interactúan unas con otras de una forma o de otra.

Aquí no hay alternativa. Ellas se comunican y se hablan más unas a otras debido a su cercanía. Las barreras físicas no impiden la comunicación citada. Desde una perspectiva socioeconómica y ambiental, la atmósfera de la zona mejora mucho. Esa cohesión incrementa el capital social en particular. La gente no se siente ya más sometida a un contexto de fuerte segregación mismo étnica. Todo el mundo comparte el lugar que habita de manera más o menos igualitaria. El acceso a cuadros de vivienda accesible está más abierto particularmente para los jóvenes y los adultos mayores en función de los programas inteligentes de re-densificación y revitalización del centro urbano. Se trata de una ética que ayuda a superar los desafíos y retos sociales mencionados. De lado de las posibles consecuencias negativas subrayamos en ese orden, la probable sensación de pérdida de la vida privada.

En el universo de un desarrollo sustentable, las tecnologías TIC son útiles para apoyarlo. Por medio de una información actualizada, las tecnologías pueden motivar y mejorar las relaciones sociales, económicas, ambientales, políticas entre amigos, vecinos, mismo entre extraños siempre promoviendo la interacción entre ellos para reducir las distancias. Esa reducción ha sido a veces difícil de lograr. En lugar de facilitar la interacción en la población, las políticas municipales contempopraneas han promovido en el modelo de ciudad – estado postcolonial un ambiente de reclusión socio-espacial a nivel de barrios y de escala arquitectónica entre comunidades para garantizarle así una calidad de vida solamente a los grupos socialmente privilegiados (ibidem). En la actualidad, existen ciudades como Hong Kong en donde las políticas urbanas han fomentado una importante segregación social (Nufrio, A.V. y Fernández Guell, J.M., 2018). La política gubernamental de control de uso del suelo ha sido la principal responsable de los elevados precios de vivienda en Hong Kong y de la proliferación de asentamientos informales tanto dentro (las famosas viviendas – féretro) como fuera de la ciudad.

El paisaje urbano – rural de la península de New Kowloon se caracterizaba en 1908 por la presencia de asentamientos irregulares que había ya motivado la aparición de un muy lucrativo mercado de vivienda asimismo irregular, en particular en los nuevos territorios (Tregear, T.R. y Berry L., 1959). Esta situación estaba sin control y mismo empeoró después de 1950. Hacia 1954 el gobierno de Hong Kong promovió una iniciativa para mejorar la planificación a largo plazo de la citada vivienda esta vez bajo protección oficial, creando la *"Hong Kong Housing Authority",* un organismo independiente encargado de su construcción pero con enfoque de integración social.

Debido a un fuerte crecimiento demográfico, de 1960 a 1992 se lanzó un programa de descentralización y movilización de residentes del centro de la ciudad hacia las nuevas zonas urbanizadas de la misma península. A pesar de los resultados, este tipo de planificación basado en la construcción de barrios enteros por un lado creó una ruptura con la histórica forma urbana de la ciudad y por el otro, un desarrollo todavía basado sobre modelos de segregación espacial a pesar de la buena voluntad (Cheng, A.K.C., 2012). En todo ese contexto el criterio del acceso a la vivienda ha sido medido en términos de pobreza, en donde los pobres de Hong Kong aún permanecen desafortunadamente concentrados en zonas geográficamente delimitadas y vigiladas

En 1984 la *"Sino – British Joint Declaration"* intentó regularizar el problema de la construcción irregular o ilegal así como el de la situación de las propiedades en Hong Kong, estableciendo que solamente los inquilinos apropiadamente inscritos podrían convertirse en candidatos a una permanente asignación a vivienda bajo protección oficial. Sin embargo los asentamientos con viviendas bajo protección oficial en zonas periurbanas, no contribuyeron a resolver los problemas de habitación de bajo nivel en el centro en donde se encuentra un gran mercado de tipo irregular. De acuerdo a ciertos cálculos, en ese momento existían alrededor de unos 200,000 residentes que habitaban en 88,000 apartamentos de bajo nivel (minúsculos espacios encapsulados más pequeños que la celda de una prisión en donde difícilmente se puede dormir un poco como en los casos de las viviendas – jaula o en el de las viviendas - féretro de 50 m2 que albergan a 15 personas o más). Esos apartamentos no tienen cocina por lo que sus residentes tienen que comer en la calle, ni lavadoras, ni refrigeradores y comparten un baño comunitario igualmente muy pequeño así como un espacio comunitario que escasamente acomoda a una mesa y a una televisión. .

De una forma desconcertante y opuesta al problema de habitación citado, a partir de los años 70, el gobierno británico lanzó paralelamente con la participación de empresas privadas algunas tentativas para solucionar la situación que tristemente fueron dirigidas a las clases media alta (comunidades con prestigio, de jubilados, o de las denominadas del golf y recreación) en donde el estándar de densidad y amplitud fueron previamente establecidos. En ese orden las empresas privadas que ofrecían un alto nivel de servicios y comodidad (piscinas, canchas de tenis, espacios abiertos, salones para fiestas, gimnasios y salas con servicios informáticos) limitaron el acceso a los edificios lo que aumentó el nivel de impenetrabilidad de los mismos. Estos lujos fueron reservados a las personas que pudieron pagar por ellos. Ese contexto desafortunadamente sólo ha reforzado el nivel de inaccesibilidad en muchas de las zonas residenciales en los últimos treinta años representando esto a los intereses de las compañías inmobiliarias, de los planificadores en turno, de los residentes ricos, etc. Todos ellos han sido responsables de la estructuración del paisaje urbano y arquitectónico de hoy basado en un modelo espacial tipo "campamento" o bien "de enclave" separando a la población al jerarquizarla y por lo tanto discriminarla. Es posible percibir las diferencias socioeconómicas por medio de distintas categorías espaciales de tal forma que tener un apartamento ubicado en el último piso de una torre es sinónimo de poder y prestigio.

Esta situación articula a un archipiélago de "mini – ciudades privadas" todas conectadas a los servicios urbanos en disponibilidad que en su conjunto dan vida a una auténtica frontera urbana. Es entonces que de esta forma es posible encontrar al mismo tiempo un paisaje de pobreza y de riqueza segregados espacialmente que˘ comparten muchas limitaciones con la naturaleza circundante compuesta por montes e islas en un panorama de equipadas esferas urbanas.

Así en un ambiente de segregación y discriminación las TIC con sus bancos de datos tienen la posibilidad de reducir en cierta medida, las diferencias mencionadas (Douay y Henriot, 2016). La información que proviene de esos bancos puede servir por ejemplo a orientar mejor tanto al gobierno como a las diversas agencias de planificación interesadas sobre la situación de todos los actores para equilibrar sus diferencias. Con un conjunto de datos a la mano distintos actores pueden llegar a conclusiones más satisfactorias para establecer el equilibrio socioeconómico y demográfico deseado. Las TIC se encuentran bajo el cuadro de solución de diferencias que han sido impuestas a través del tiempo por el capital. Así, las invitaciones sociales, los anuncios económicos, los avisos/alertas medioambientales de eventos serán oportunamente percibidos por residentes, visitantes, y gentes de negocios en los barrios tratados motivando la interacción entre ellos reduciendo de forma natural las citadas diferencias.

Al respecto la aparición de comunidades diversas y vitales para la interacción creativa de las personas es una posibilidad fuerte que va a mejorar de forma importante la calidad de vida y la calidad del lugar en los barrios del centro para reducir los niveles no éticos que todavía ahí se imponen.

4. suelo urbano. El proceso de re-densificación central asistido por las TIC puede motivar eficazmente a la intensificación del suelo urbano[109]. Esta intensificación animará a su vez a una zonificación de usos mixtos[110]. Dichos usos podrán ser compartidos por ejemplo por un número de usuarios más amplio. Se trata de una verdadera optimización ética de vivienda y servicios sobre los cuales todo el mundo se beneficiará mismo a corto plazo. La cantidad de dinero total invertido en el barrio tendrá así un buen impacto económico debido a que mucha gente participará de las ganancias. La ciudad re-densificará sus espacios centrales; los habitantes dispondrán de viviendas

---

[109] MANSHADEN, W., y DE SCHMIDT, M., 1992.
[110] ALEXANDER, D., y TOMALTY, R., 2002.

más cerca de los servicios; los inversionistas obtendrán los beneficios esperados frente a las oportunidades abiertas en lugares espacialmente bien ubicados desde el punto de vista de la geografía y bien servidos por la infraestructura ya disponible en el sitio; los usuarios dispondrán de alternativas a escoger (consumo, recreación, etc.). Lo no ético y el desperdicio de espacio se reducirán de forma importante dado que éste último como tal se convertirá en un recurso mucho más valioso que deberá utilizarse inteligentemente. En este sentido las tecnologías de información y comunicación asistirán en el proceso proporcionándole a tiempo a los residentes y probables futuros usuarios una información mucho más precisa sobre la capacidad de carga urbana local, sus características, así como las condiciones de los sitios centrales con objeto de desarrollar ahí las actividades deseadas de manera apropiada.

La intensificación de los suelos urbanos como se ha subrayado disminuirá igualmente la contaminación en el centro urbano de la ciudad haciendo los recorridos vivienda – trabajo – servicios más cortos disminuyendo así el excesivo uso del automóvil. No obstante, en estos esquemas de re-densificación existirán también algunos problemas que habrá que superar: el espacio central (un espacio abierto) se encontrará más limitado dado que mucho más personas lo utilizarán casi al mismo tiempo. El espacio consagrado a actividades de tipo recreativo necesitará asimismo de un mantenimiento más prudente y frecuente ya que una mayor recreación genera un desgaste más fuerte. Se tendrán que complementar las posibles contribuciones TIC con una adecuada programación en el mantenimiento de la vivienda y de los servicios locales en ese orden. Una aceptable coordinación entre los diferentes niveles de gobierno será indispensable para optimizar esta vez a los recursos disponibles en el lugar para el mantenimiento de las instalaciones en el centro. En relación al panorama antes descrito, se tendrá que poner más atención sobre las ventajas que todo el proceso de re-densificación ofrece para minimizar los inconvenientes con el propósito de fomentar la disminución de la expansión urbana actual así como aprovechar los inherentes beneficios aplicados al medio ambiente. El planeta entero nos va a agradecer en mucho todas las acciones que en esa dirección se implementen. La calidad de vida de las personas será el primer indicador de todas las buenas o de todas las malas y equivocadas políticas y acciones urbanas que la sociedad en su conjunto integrará en una agenda de desarrollo sustentable y de crecimiento inteligente de ciudades.

5. transporte público. La re-densificación puede contribuir a éticamente optimizar también el transporte público disponible en la zona al motivarlo que llegue a ser más eficiente y viable para atender un amayor demanda. El incremento de personas que comparten el mismo medio de transportación al mismo tiempo hacia la misma dirección reducirá los costos del mismo, el congestionamiento vial, el transporte privado, el estacionamiento y los niveles de contaminación atmosférica en el centro urbano. Existen igualmente beneficios de tipo sicológico a través de un menor stress (más personas que se convertirán en pasajeros mas bien que en conductores de vehículos) disponiendo por tanto de más tiempo para por ejemplo conversar con familiares y/o personas, leer el periódico, o simplemente contemplar el panorama durante el viaje al sitio de destino.

Por lo que toca a los posibles impactos negativos de todo esto, en el caso de la Ciudad de México así como en el de los casos de otras grandes ciudades, puede ser el congestionamiento por exceso de demanda de las unidades de transporte mismas (metro, autobuses por ejemplo). Las personas que están sometidas a una fuerte presión por congestionamiento excesivo normalmente reaccionan más agresivamente al ambiente como una respuesta natural a la presión citada. Esta situación no ética puede conducir a ciudadanos normales y decentes a situaciones de violencia que dañan significativamente a la sociedad y sin verdaderamente tener necesidad de hacer eso. Desde el punto de vista sicológico[111], un excesivo congestionamiento de gente en un espacio reducido puede causar problemas de angustia entre otros, dado que el ser humano tiene una necesidad natural de disponer de cierto espacio personal íntimo y privado en relación a sus semejantes para bien interactuar con el medio ambiente. En ese contexto siempre hay que trabajar sobre el equilibrio de dos situaciones para llegar al éxito en la tarea prevista. Las tecnologías de información y comunicación pueden proporcionar a los ciudadanos condiciones de transporte público más apropiadas en términos de horarios y paradas de autobús por ejemplo para de esta forma poder saber en dónde, cómo y a qué hora el mismo pasa, así como el costo asociado para usarlo inteligentemente con objeto de evitar lo más posible los problemas antes citados así como los asociados con retrasos, errores, etc., que congestionan a la vialidad entera.

6. transporte privado. Los procesos de re-densificación pueden asimismo colaborar a éticamente reducir la desarticulación población – geografía en este capítulo mencionada que existe en muchas de las grandes ciudades del mundo. En población y geografía, una ciudad que se extiende demasiado propicia la creación de largos trayectos por auto al trabajo con toda una serie de consecuencias negativas sobre las personas: en primer lugar una utilización

---

[111] RUBACK, R.B., y PANDEY, J., 1992.

excesiva de vehículos (autos) y de vialidad, el ruido, el tiempo perdido, el stress que se causa, el desperdicio del carburante, las descomposturas, los probables accidentes, etc.; y en segundo lugar la contaminación atmosférica que se produce y que aumenta de una forma muy importante la huella de carbono de la misma ciudad, Asimismo, el auto privado y los problemas de tráfico tienen la rara habilidad de transformar la conducta humana muy rápidamente a una simiiar de agresión.

Al maximizar el uso de otros modos de transporte como el del transporte público[112],[113], la bicicleta, etc., en la zona se motivará una disminución del número de autos que circulan y generan esa notable contaminación. El uso del transporte público (metro), las bicicletas, la caminata, aparecen en principio como modos *"environmentally friendly"* para superar al importante problema justo citado. Entre menos se utilice el auto en un conglomerado urbano redensificado, menor serán las emisiones de carbono promedio de cada automóvil, mayor será el aire sano que respiraremos y mayor será la productividad general de la ciudad que tendremos.

Sin embardo hay que considerar que en ese contexto de redensificación es probable que se creen igualmente nodos de congestionamiento por cualquier modo de transporte en ciertos lugares geográficos de la ciudad sobretodo en el caso de los residentes que utilizen mucho alguno de ellos para transportarse diario a sus sitios de trabajo y/o de estudio satélites. No obstante aún en ese marco, las tecnologías inteligentes del siglo XXI pueden proporcionar suficiente información sobre la situación del tráfico esperado en un momento y lugar dados. Al contar con un acceso fácil por internet a los bancos de

---

[112] DE ROO, G., y MILLER, D., 2005.
[113] HOLDEN, E., y NORLAND, I.T., 2005.

memoria disponibles, las tecnologías nos informarán sobre la mejor ruta a seguir evitando implicitamente los cuellos de botella viales de todo tipo, todo al alcance de nuestro teléfono portátil. El Sistema de Posicionamiento Global (*Global Positioning System – GPS*) es una tecnología que surge colateralmente como slternativa al público.

Es una responsabilidad colectiva el mantener la buena calidad entre otros del aire que se respira. Se debe en ese sentido de colaborar lo mejor para alcanzar ese objetico. La creación de mejores condiciones de salud pública sobretodo en el centro depende de ese éxito. No obstante hay que primeramente administrar bien al proceso de re-densificación central para ajustarlo a las necesidades particulares del caso y así eludir sus posibles inconvenientes. La tecnología que aquí se promueve podrá asistir a los ciudadanos a través de una orientación de transporte muy útil.

7. recursos naturales. La utilización de los recursos naturales es más eficiente en las ciudades re-densificadas porque ellas limitan mucho más éticamente a la expansión urbana sin control y a la invasión de tierras rurales. En otras palabras, reducen lo que no es ético y que urbaniza las reservas ecológicas y agrícolas de la región indiscriminadamente. Sin invasiones, las zonas rurales ayudan a las ciudades al proporcionarles por ejemplo oxigeno (por medio de los árboles) el cual es vital para la vida de todo el mundo. Estas ciudades asisten a "enfriar" al planeta para evitar su calentamiento excesivo y los cambios bruscos del clima. Igualmente pueden animar a los habitantes a valorar más a las áreas verdes intra-urbanas e interurbanas para cuidarlas mejor de una forma más puntual. Las áreas verdes sean urbanas o rurales son el pulmón de las ciudades, de los bosques y del planeta. A partir de la fotosíntesis el planeta entero se renueva. Casi todas las especies vivas necesitan oxígeno para existir. Sin las suficientes reservas de oxígeno "nuevo", la vida desaparece. El asunto de la contaminación en las grandes ciudades está en la agenda de planificación de muchos países del mundo. Esta situación es muy preocupante porque se trata de la supervivencia de humanos y animales. Desafortunadamente muchas ciudades no hacen lo necesario para aliviar el problema reduciendo los contaminantes tóxicos del aire (la ciudad de Pekín en China, Dehli en India). Sin poner seriamente atención al problema, este va a empeorar. Se trata de una verdadera lucha entre los intereses económicos y ambientales que los economistas están analizando y tratando en muchos casos.

Del lado de los impactos negativos causados por el proceso de re-densificación central frente a la utilización de los recursos naturales, se agrega asimismo las posibles disminuciones en la dotación del agua per capita,[114], de árboles[115]; de áreas verdes, el espacio central se convierte en algo muy valioso y por lo tanto competido fomentando aasí una lucha aún más enconada por el agua por ejemplo.A pesar de esto, las tecnologías TIC pueden ayudar a mejorar las etapas de planificación, de programación y del mismo diseño urbano en función de la carga urbana admisible de cada ciudad para así evitar lo más a los impactos citados. En ese orden, las TIC colaborarán en lo posible a articular la re-densificación central de la población (para administrar mejor al explosivo crecimiento demográfico) con la geografía (para administrar mejor las desenfrenadas extensiones horizontales de las ciudades) en relación al problema de la invasión cada vez más frecuente en la actualidad (desperdicio) de los recursos naturales. Hay que informar de forma masiva al público de los peligros esta vez no probables sino más bien reales del mismo

---

[114] ALEXANDER, D., y TOMALTY, R., 2002.
[115] DE ROO, G., y MILLER, D., 2005.

desperdicio citado como lo son la desaparición del Polo Norte debido al calentamiento climático,, la elevación del nivel del mar, las inundaciones, las sequías, la hambruna, la desaparición de muchas de las especies salvajes, del hábitat natural de las mismas, etc. Las tecnologías pueden asimismo apoyar a la voluntad política de los organismos públicos y/o privados (Greenpeace) para reaccionar a tiempo y desalentar la destructora e irracional ambición humana de exterminar sin piedad a la naturaleza.

8. energía. El aspecto de la energía es un factor crítico en el contexto de un desarrollo central. Sin un adecuado suministro ético de energía no hay desarrollo central continuando así con un panorama que no es ético. Como ilustración este trabajo menciona que la energía colabora en la creación de un ambiente más vigilado que le da más confianza a los residentes (particularmente a las mujeres y a los niños) durante las tardes / noches. Por lo que toca al alumbrado público de avenidas y calles, el asunto de la energía le proporciona mucho más seguridad especialmente al tráfico de peatones. No obstante bajo esa situación se requiere mucho más energía para construir y sobretodo mantener a edificios de alta densidad especialmente a los situados en países que son "fríos" (nórdicos) con inviernos muy largos y duros (Canadá, Rusia, etc.). La energía es asimismo vital para calentar una casa. Una ciudad con mucho más residentes que antes en sus sectores centrales aumentan igualmente en mucho sus necesidades energéticas.

Desde el punto de vista de las consecuencias que se pueden catalogar como negativas destaca la inversión inicial que frecuentemente es muy elevada para equilibrar la oferta disponible con la demanda requerida. Esa inversión va a producir sin duda un mejoramiento en la calidad y capacidad de los servicios públicos ofrecidos en el lugar (el alumbrado por ejemplo), pero va a incrementar asimismo el costo de las rentas y de las propiedades en el centro urbano de la ciudad al volverlos menos accesibles para las personas de bajos ingresos. Si bien una ciudad re-densificada puede reducir el costo del fluido eléctrico per cápita[116], el consumo total no optimizado de las distintas colonias y barrios será más elevado. Las Tecnologías de Información y Comunicación en este sentido pueden igualmente informar de la situación a residentes y compradores potenciales de vivienda para ayudarlos a escoger la mejor posibilidad energética para cada uno. También las TIC que se proponen tienen la posibilidad de colaborar muy bien con las tareas de planificación y de programación de políticos y profesionales involucrados en el desarrollo citado, informándole a las autoridades municipales y los planificadores la demanda energética esperada (extrapolaciones) en determinadas colonias y barrios en función del umbral en cuestión (tiempo) y la capacidad de recepción del sitio tratado (las condiciones particulares de carga urbana mencionada ya en varias ocasiones) de nuevos residentes antes de que estos se muden al centro. Esto representa otro desafío de tipo sociológico y geográfico a superar en relación a la CDV/CDL..

B). Definición de desarrollo sustentable y de calidad de vida.

El desarrollo sustentable es un concepto de crecimiento socioeconómico y ambiental que se inscribe en una perspectiva a largo plazo y que considera las restricciones relacionadas a la forma sobre la cual la sociedad funciona e interactúa con el medio ambiente para determinar al nivel de habitabilidad local. De acuerdo con el Reporte Brundtland[117], el desarrollo sustentable es un desarrollo que responde a las necesidades del presente sin comprometer la

---

[116] ANDERSON, W.P., KANAROGLOU, P.S., y MILLER, E.J., 1996.
[117] BRUNDTLAND, G.H., 1987.

capacidad de las generaciones futuras de responder a las suyas. En el contexto
de esta definición, se ha igualmente mencionado que las ciudades inteligentes
y sustentables se inscriben dentro de la misma perspectiva de largo plazo. Sin
los conceptos de desarrollo sustentable y habitabilidad, las ciudades
inteligentes no existen. Estos conceptos son el universo bajo el cual las
ciudades del siglo XXI toman forma frente a las ciudades tradicionales del
siglo XX. Todo el "diseño inteligente" aplicado al medio urbano pretende
mejorar la situación del hábitat de los residentes, optimizando los recursos
disponibles ya en el sitio sin desperdiciar de manera desenfrenada los recursos
adicionales todavía en reserva, sobretodo los naturales. Las nociones
asociadas de "reciclaje", de "calidad de vida – CDV", de "calidad del lugar –
CDL", etc., son muy consistentes con este concepto de desarrollo.

Todo el conjunto de conceptos y nociones que aquí se expresan, se
encuentran al amparo de una conciencia progresiva desde los años 1970 de los
límites ecológicos de la Tierra a largo plazo. En ese orden existe una patente
contradicción entre la organización de nuestras sociedades y la preservación
de la habitabilidad del planeta.

En otras palabras, en el contexto de la expansión urbana de las grandes
ciudades que son cada vez más grandes, el espacio disponible y apto para
acomodar al crecimiento demográfico por medio de un proceso de
urbanización adicional, es también cada vez más limitado. En el marco
todavía de las definiciones del concepto de desarrollo sustentable, el
diccionario del *Journal Le Parisien* en Francia[118] menciona que el concepto
de habitabilidad es "la calidad de ser, la capacidad de llegar a ser, de hacer"
relacionado a las características propias del lugar. En cuanto al concepto

---

[118] LE PARISIEN, http://dictionaire.sensagent.leparisien.fr

correlacionado con el medio ambiente, Ignacy Sachs[119] propuso en 1991 una definición cercana conocida en la literatura como "eco-desarrollo"[120]. Se comprende como eco-desarrollo al seno de un desarrollo endógeno, dependiente de sus propias fuerzas, sometido a la lógica de las necesidades de la población completa, consciente de su dimensión ecológica que busca la armonía entre el hombre y la naturaleza,.

Es preciso al respecto aclarar que se trata solamente de una definición de desarrollo parcial dado que le falta la integración de la definición del otro elemento presente en todo proceso: la influencia del desarrollo exógeno, es decir, del desarrollo que depende esta vez de las fuerzas externas a él, muy importante en sociología y geografía urbanas.

Sobre esa misma línea este manuscrito recuerda la definición proporcionada por la Asociación Francesa de Normalización – AFNOR que contempla al desarrollo sustentable como un estado en donde los componentes del ecosistema y sus funciones se preservan para las generaciones tanto presentes como futuras[121]. Aquí, los componentes del ecosistema incluyen a la población y a la ecología. El concepto conduce a un equilibrio entre las satisfacciones fundamentales existenciales de tipo social (cultural), económico, ambiental, al interior de la sociedad en cuestión. Abraham Maslow[122] en sus estudios de necesidades por medio de su pirámide señala en la jerarquía de necesidades humanas a una teoría de motivación elaborada a partir de observaciones realizadas en los años 1940. Entre las necesidades más esenciales que la pirámide muestra tenemos en primer lugar

---

[119] SACHS, I., 1991.
[120] SACHS, I., 1993.
[121] ASSOCIATION FRANÇAISE DE NORMALISATION - AFNOR, 2012.
[122] MASLOW, A., 1943.

a las necesidades que son indispensables al ser humano para sobrevivir. Este conjunto de necesidades es el elemento de base que se encuentra en función de un contexto bien definido de necesidades sicológicas o primarias. Estas incluyen los elementos fundamentales para la supervivencia humana como respirar, beber, comer, dormir, sexo, eliminar deshechos. Igualmente importantes para la supervivencia son las necesidades de afecto de otros (social), de logro personal (económico), de seguridad en términos de habitar un ambiente estable y previsible en donde no exista ansiedad ni crisis. El alojarse bien para protegerse de manera apropiada del clima extremo como el frio excesivo, el calor excesivo, las ráfagas de viento, es un buen ejemplo de la importancia de esas necesidades humanas.

Algunas de las necesidades citadas, la naturaleza las satisface como la respiración, pero hay otras que requieren la participación voluntaria del individuo como la habitación en el marco de un desarrollo sustentable. Este concepto se ha descrito en el contexto de un conjunto de problemas urbanos que incluyen tanto a las urgencias sociales como a las económicas y medio ambientales. Un desarrollo que es sustentable hace frente al espectro de esos problemas y se inscribe en el marco de un proceso de urbanización y renovación de tejidos urbanos bajo un análisis de espacios verdes que contribuye a reducir el nivel de estrés implicado, respetando igualmente a lo natural.

La vivienda como eje articulador de todo ese proceso desempeña un papel muy importante porque ella ha sido desde la antigüedad, el hábitat del hombre. En general, la renovación de ciudades y servicios gira de forma muy importante en torno al hábitat destacando su confort y finalmente el del hombre también. Así lo que se persigue es una delicada articulación con los servicios requeridos para mejor justificar una producción de soluciones de habitación.

La vivienda igualmente ejerce una poderosa influencia sobre la sicología humana. Cuando los humanos se encuentran bien albergados podemos hablar de una sociedad sana, de una sociedad que progresa. **Al contrario una vivienda precaria es sinónima de deterioro en las condiciones humanas. Tal es el poder de la vivienda.** En ese contexto, las TIC son útiles para contribuir a la elaboración del inventario local en términos de calidad, cantidad, disponibilidad, características físicas, ubicación, situación inmobiliaria, condiciones de compra, condiciones de renta, etc. Asimismo, en términos de los servicios complementarios auxiliares (como la red de transporte, la condición física de la vialidad, su congestionamiento, la infraestructura, la existencia de supermercados, farmacias, policía, restaurantes, centros de recreación, escuelas, iglesias, etc.), seguridad, características del vecindario o barrio, la integración, la segregación, entre otros.

Desde el punto de vista de una definición del concepto de calidad de vida (CDV) asociada a la de calidad del lugar (CDL) antes se mencionó que Cutter[123] (1985) buscó definir al primer concepto como a la felicidad o la satisfacción individual con la vida y el medio ambiente ahí incluidas las necesidades, deseos, aspiraciones, preferencias en materia de modos de vida así como de otros factores tangibles e intangibles... Al respecto, Cutter consideró igualmente a la calidad del lugar como a la cuantificación de las condiciones del lugar mismo, a la forma en que esas condiciones son percibidas y a la importancia relativa que cada condición tiene para el

---

[123] CUTTER, S.L., 1985.

individuo (ibídem). En cuanto a la definición del segundo concepto se mencionó igualmente que Andrews[124] (2001) la definió con mayor precisión a través de una correlación entre calidad de vida / calidad del lugar. En esta dirección, este autor considera que la calidad del lugar es una medida global de los factores ambientales que contribuyen a la calidad de vida de los residentes o mismo de los visitantes. Es necesario señalar que la calidad de vida siempre contiene un aspecto subjetivo que corresponde al domino de la diversidad cultural que existe en una determinada ciudad y/o sociedad[125],[126]. Así la calidad de vida por su naturaleza tiene una fuerte orientación cualitativa que se puede traducir mismo como afectiva en una sociedad. El cambio semántico que de esto se desprende no representa un obstáculo a su interpretación exacta y a su integración en los estudios de planificación urbana, principalmente en aquellos que incluyen a los análisis de contenido (*content analysis*).

Bajo la perspectiva de un modelo de comportamiento, ese análisis se concentra sobre una determinada comunidad para así conocer las causas que originan un problema urbano específico relacionado a las inclinaciones o a las preferencias de vivienda y servicios por ejemplo en ciertos lugares pre-establecidos de la ciudad. En este contexto, los estudios en planificación mencionados han similarmente manejado según Cutter el concepto de metrópolis habitable así como enfoques más globales para describir a la calidad de vida, integrando las ideas más significativas de movimientos conocidos en la literatura no solo como los del desarrollo sustentable sino el de ciudades sanas también.

---

[124] ANDREWS, C.J., 2001.
[125] RANDALL, J.E., y WILLIAMS, A.M., 2001:168
[126] CLARK, N.M., 2000:699-707.

En un mundo cada vez más urbanizado la competencia entre ciudades aumenta para atraer a residentes e inversionistas. Se trata de todo un nuevo paisaje en donde el concepto de calidad de vida se convierte en esencial. Despierta interés en muchas disciplinas que tocan el asunto del bienestar personal en el trabajo, ambiente, salud, por lo que el concepto le concierne igualmente al domino de las ciencias sociales y humanas.

Por otro lado, el concepto de calidad de un lugar subraya por su parte que un espacio urbano debe estar en condiciones de ofrecer a la vez tanto una "capacidad de existir" como una libertad de poder vivir cómodamente bien, de poder beneficiarse de la seguridad, de mantenerse en buen estado de salud, y también de tener una conveniente capacidad de movimiento en términos de transporte, acceso a una educación, al mercado de trabajo y a una variada recreación. Así, este concepto incluye muchos aspectos tales como: un ambiente sociopolítico (vida comunitaria, participación ciudadana, etc.), un ambiente económico local, (ingreso, desempleo, etc.), un ambiente construido (tipo y condición de la vivienda, etc.), un ambiente cultural y de recreación (museos, restaurantes, etc.), un ambiente de política pública (en educación, seguridad, salud, etc.) y un ambiente natural (clima, condición del hábitat natural, etc.) entre otros factores. Se trata de un auténtico ajuste entre los recursos disponibles en el medio y el individuo. Ese ajuste se encuentra asimismo condicionado en el seno mismo del medio por las capacidades y libertades del citado individuo.

En este sentido, se debe establecer bien que existe una diferencia importante entre calidad de vida (subjetiva, individual, de valores "no cuantificables") y el bien conocido nivel de vida (objetivo, colectivo, de valores cuantificables). Los dos se inscriben en el cuadro de las reflexiones espacial y temporalmente establecidas. Sin embargo, la satisfacción de las personas con su empleo (calidad) es completamente diferente de su salario mensual que ellas ganan (nivel). En efecto, la aparición de conceptos como los de desarrollo sustentable, calidad de vida – CDV, calidad del lugar – CDL, nivel de vida, etc., invitan seriamente a considerar los retos sociológicos y geo-históricos de las ciudades en este caso, inteligentes que en un momento dado aparecen. Para alcanzar los objetivos sociales, económicos y ambientales de esos conceptos es absolutamente necesario recurrir al asunto de las acciones así como al de los recursos disponibles. En el grupo de las acciones notamos en primer lugar a la acción política de los gobiernos como el motor que la sociedad tiene para responder a ciertas necesidades en el cuadro de un proceso de administración > restauración > protección > compensación de impactos. Sin la voluntad política de actuar a tiempo y de verdaderamente querer resolver los problemas presentados por la dinámica de una ciudad para el beneficio colectivo, la sustentabilidad enfrentará muchos más problemas para alcanzar al objetivo del concepto. En el grupo de los recursos, notamos en segundo lugar al poder económico público y privado como a la gasolina del motor para apoyar a las resoluciones acordadas que involucran al suelo > al agua > al aire que existen en una cierta geografía. Se necesita limitar (y si es posible mismo evitar) toda situación que no sea ética y actuar en esta dirección lo mejor con objeto de prevenir todo abuso ecológico a nivel urbano y rural que dañe irreversiblemente al final a toda la sociedad en su conjunto.

Los esquemas de desarrollo sustentable se encuentran en el cruce de las principales preocupaciones que son los tres apoyos del desarrollo mismo: la social, la económica, la ambiental (ecológica). La social interactúa con la económica para dar vida a un contexto "equitativo" y con la ambiental para motivar un contexto "habitable". Similarmente la económica interactúa con el ambiente para llegar a un contexto "viable". Finalmente, los tres apoyos interactúan unos con otros para lograr un contexto "sustentable". La lógica aquí reside en el nivel de desempeño de todo el conjunto de apoyos mencionado, no solamente en el de uno para determinar el impacto que los citados tendrán. Hay que recordar al respecto que un nivel de excelencia en función al desempeño de uno solo de los apoyos (el de la economía por ejemplo) no es realmente crítico si los otros dos (social y ambiental) no se encuentran a la altura requerida. La calidad del desempeño total estará entonces aquí dictada por el desempeño del apoyo más débil.

La concepción de calidad de vida siempre estará asociada al progreso de la colectividad. La idea ahí es simple: todo mejoramiento del bienestar individual debe concurrir por efecto de agregación, al incremento del bienestar general. La CDV permite comprender que la satisfacción individual en función de su existencia tiene propósitos pre-determinados y condiciones consideradas como realizables. Se trata de una ilusión el pensar que el bienestar colectivo nace de manera espontánea. El desarrollo de la satisfacción individual puede comprendérsele solamente dentro de un cuadro de decisiones colectivas (sociales, económicas, ambientales, políticas, administrativas, etc.). En ese orden resulta entonces totalmente inútil el concebir a la calidad de vida como aislada en sí misma si este concepto no se integra al conjunto de políticas estructurales de modernización colectiva (una ciudad inteligente). Cuando el concepto de calidad de vida (CDV) y por consecuencia el de calidad del lugar (CDL) toman en cuenta a la comunidad, es entonces que se convierten en una medida confiable del progreso social desde el punto de vista local. Así, en esta dirección desde una perspectiva de desarrollo ético, la economía debería considerar en primer lugar al hombre, a la fauna, a la naturaleza con todas las necesidades de todos esos casos. Este tipo de desarrollo tendrá sin duda mucho más respeto por el dúo sociedad – medio ambiente. Aquí la economía no se deja seducir por la ciega ambición humana de las ganancias a cualquier precio intentando en lugar de eso de encontrar un equilibrio entre todos los actores implicados (los *"stakeholders"*) por medio de una negociación entre ellos con la eficiente asistencia de gobiernos y políticos implicados para bien utilizar todos los recursos todavía disponibles (sociales, ambientales) mismo económicos también.

En sociedades sanas es más fácil resolver los problemas urbanos que surgan en función de la implícita existencia de las TIC. El conocimiento y el interés puesto en el ambiente con la tecnología del siglo XXI (TIC) se convierten en poderosos motores que animan enfrentar con ventaja a los problemas antes evocados. La colaboración de las tecnologías TIC puede llegan a ser muy útil para lograr un cambio paradigmático en los sectores público y privado. En primer lugar aquí se subraya la pronta entrega de información que debe llegar a los sectores citados para conseguir el objetivo previsto esto es, el de estar consciente de la situación urbana a solucionar. En segundo lugar se destaca la comunicación entre los diferentes actores (en el gobierno, los niveles municipal, provincial/estatal y federal que por ejemplo existen y en la iniciativa privada las diversas compañías involucradas en el proceso).

Al contrario desde el punto de vista del desarrollo no ético encontramos que en muchos casos el mismo está representado por la economía como único y exclusivo factor a tomar en cuenta por el proceso. Al fijar roda la atención solamente sobre las variables de tipo económico, se pierde el respeto por el dúo sociedad – medio ambiente lo que acarrea impactos negativos muy poderosos sobre estos. Se trata siempre de la mala ambición humana por las ganancias la que va a dirigir la falta de respeto citado. El abuso llega rápidamente para dilapidar todos los recursos posibles (sociales, ambientales), mismo económicos. Los intereses de grupo (*"stakeholders"*) se imponen enseguida con la eficiente complicidad de gobiernos y políticos. En sociedades enfermas es muy difícil intentar solucionar distintos problemas urbanos que a veces se producen como resultado natural de la dinámica propia del solamente existir. La ignorancia y la falta de interés por todos los contextos ambientales es verdaderamente lamentable sobretodo para el siglo en el cual vivimos. Estamos ya en el siglo XXI y tenemos la suficiente tecnología como para poder arreglar bien los problemas mencionados. Pero no el conocimiento (la ignorancia) de los impactos negativos y tampoco la voluntad política (la ausencia) de reaccionar a tiempo para evitarlos. Alcanzar aceptables niveles de desarrollo sustentable y de calidad de vida/calidad del lugar se convierte en una serie de desafíos y retos de tipo sociológico y geo-históricos como se ha inidicado a los que las ciudades inteligentes confrontan en este siglo. Este es el propósito final.

Una notable disminución en el actual proceso de desarticulación entre población – geografía va a representar su éxito. La tarea no es fácil pero al mismo tiempo, no es imposible. El factor más difícil será el de cambiar la forma de pensar, de organizarse, de planificar y de actuar de las actuales generaciones en lo que se refiere a la construcción de ciudades. Para esto, debemos considerar al mismo nivel tanto a los intereses económicos como a los sociales y ambientales para conciliarlos. No se trata aquí de una **confrontación,** sino mas bien de una **conciliación.** El trabajo es de todos. Asimismo, debemos involucrar en el proceso de cambio paradigmático a la citada conciliación pero en el marco de la sociedad en su conjunto. Con la intervención de las TIC, los actores sobretodo los gobiernos municipales por medio de sus agencias de planificación, tendrán la oportunidad de administrar mejor el flujo de repoblamiento/ poblamiento en una zona específica de la ciudad. A partir de bancos de datos especializados, las estimaciones actuales y/o futuras de demanda de carga urbana para esa zona serán más precisas frente a la oferta disponible en el marco de un posible (y necesario) repoblamiento central. Similarmente a partir de bancos de datos especializados, las estimaciones actuales y/o futuras de demanda negativa todo en el marco de un posible despoblamiento central (reubicación) en términos de emigración y abandono de los sectores centrales serán asimismo más precisas frente al estado de la oferta en sitios peri-centrales y/o periféricos concurrentes. Gracias al internet, las TIC disponibles serán de libre acceso para todo el mundo.

Con el recurso *"WI-FI"* todo el mundo podrá utilizarlas sin problemas no solo los gobiernos sino también los residentes antes de tomar una decisión de mudarse o bien de quedarse en el sitio original de residencia. En esta dirección, la concordancia población – geografía mejorará de forma significativa.

En ese orden es del conocimiento público que algunos centros históricos de nuestras grandes ciudades del mundo perdieron durante el transcurso del siglo pasado ciertas condiciones de habitabilidad que tenían antes en función de un nivel más exigente de habitación que la sociedad en turno poco a poco desarrolló. Las ciudades evolucionan junto con sus centros históricos los cuales no pueden dejarlos de lado. Lo que suceda en ese espacio público, acarrea consecuencias tanto para ese mismo espacio como para el privado. Como ejemplo recordamos a la contaminación del aire que viniendo del espacio público penetra al interior de edificios y casas poniendo en riesgo la salud de sus residentes. Las condiciones generales de las calles y avenidas públicas en la mayoría de los centros históricos, les imponen importantes limitaciones a los usuarios minusválidos obligándolos a mudarse de ahí o bien a permanecer aislados en el lugar. Las calidades de vida y del lugar se reducen. Ese es el momento en donde las TIC pueden colaborar adecuadamente.

Si el centro urbano de una ciudad se está apropiadamente desarrollando, la verificación desde el punto de vista de la sustentabilidad residencial, del nivel de desempeño del proceso de revitalización urbana frente a los esquemas de calidad de vida y del lugar con la asistencia de las bases de datos TIC puestas al día es algo muy importante. La actualización de las bases de datos mencionadas se convierte en algo crítico para todas las actividades de monitoreo futuro en el marco del proceso de desarrollo. La interconexión de las bases a diferentes niveles de gobierno es más accesible y fácil de hacer con la asistencia de las Tecnologías de Información y Comunicación que aquí se intenta promover. La evaluación de todos los conceptos citados depende del sistema de valores de los individuos y del medio ambiente cultural en el cual ellos viven.

Las TIC pueden sistematizar los valores por colonia/barrio con la ayuda de encuestas *"in situ"* para mantener bien informados a los citados *"stakeholders"* de la percepción de los residentes al respecto. Este conocimiento permitirá de actuar (responder) de una manera más exacta a las necesidades locales (planificación). Cuando a las necesidades se les toma en cuenta, el ímpetu de reubicarse a otra parte (hacia el suburbio) disminuirá notablemente. Durante la evaluación de la calidad de vida local de los individuos en términos de satisfacción personal, sobresale la existencia de nueve indicadores principales que tocan a los ámbitos sociocultural, económico, ambiental, político, administrativo, educativo, del transporte y de la salud entre otros.

En ese contexto, esos indicadores pertenecen al dominio de la vida social, del empleo, de la naturaleza y del clima, de la voluntad política, de la eficiencia administrativa, de la escolaridad, del confort con el movimiento y de los servicios de atención respectivamente. Durante la evaluación hay que hacer asimismo notar que la satisfacción del individuo con la vida y el medio ambiente a veces se modifica en función de los cambios externos y/o internos de esa vida y medio ambiente mismos.

Así una buena calidad de vida quedará entonces determinada por las buenas circunstancias en un momento dado; cuando las circunstancias cambian por una dinámica exterior y/o interior, la satisfacción personal cambia también. Igualmente importante, es recordar que la calidad global de una cierta geografía se compone de criterios tanto subjetivos (calidad de vida – CDV) como objetivos (calidad del lugar – CDL). Hay que tomarlos en cuenta para así conocer el panorama de calidad global que todos los *"stakeholders"* necesitan saber con objeto de obtener un conocimiento preciso de la situación urbana tratada y como consecuencia concebir una planificación más apropiada. Las TIC pueden fácilmente trabajar con los criterios subjetivos por medio de las anteriormente citadas encuestas *'in situ"*. En cuanto a los criterios objetivos, las TIC pueden igualmente asistir a los interesados con la "biblioteca electrónica" y con el procesamiento de datos por medio de las herramientas de la estadística matemática que siempre tendrán en disponibilidad.

Siempre bajo el panorama de las evaluaciones sería muy interesante de evaluar el impacto que una falta de satisfacción en un determinado ámbito o medio tendría sobre el resto de las variables (el conjunto) en donde éste último se desenvuelve. Esa evaluación es poco usual cuando se tiene una adecuación aceptable entre las aspiraciones de la persona y el contexto ambiental. No hay mucha neesidad de evaluar en este panorama. Cuando ese proceso se da, normalmente la satisfacción que se obtiene es una satisfacción promedio de todas las posibilidades disponibles en ese momento. Habrá gentes que se encontrarán muy contentas desde el punto de vista social pero no desde el punto de vista económico, o político y viceversa. No debemos asimismo olvidar que la dinámica que se indica de la vida misma cambia todo de un solo golpe, muy rápido.

Los planificadores entre otros deben prever lo mejor esa situación cambiante antes de concebir maravillosos planes de urbanismo que después no van a funcionar. Un buen ejemplo de esto lo es el proyectado nuevo Aeropuerto Internacional de la Ciudad de México. El presidente saliente lo lanzó en el marco político del partido en el poder. Después de las elecciones federales, un nuevo partido tomó el control del poder con un nuevo presidente que canceló el citado proyecto del nuevo aeropuerto que estaba de hecho ya en construcción para sustituirlo con otra alternativa aeroportuaria en otra parte, desperdiciando muchos de los recursos económicos ya invertidos. En esta ilustración del mundo real la probable satisfacción (calidad de vida) a obtener en el ámbito del transporte fue completamente modificada. El papel de una ciudad inteligente aquí habría sido de utilizar toda la información disponible sobre el tema antes de lanzar el proyecto del aeropuerto para evaluar los "pros y contras" no solamente económicos sino sobre todo políticos (viabilidad) en continuar con el proyecto original o bien en cancelarlo a tiempo. Las decisiones y acciones tomadas por el nuevo gobierno no pertenecen al cuadro de una ciudad inteligente con un gobierno también inteligente. Tales decisiones son mas bien representativas de un desarrollo no ético debido esta vez al gran desperdicio de recursos económicos que eso le causó a los contribuyentes. Una decisión apoyada por las TIC habría considerado no solamente a los "pros y contras" citados sino adicionalmente a los riesgos e impactos involucrados para adoptar la mejor solución para el caso exhibiendo así un desarrollo mucho más ético y congruente con la realidad.

Un desarrollo ético está igualmente determinado por los principios del urbanismo. A través de la realización urbana, de las formas construidas y de los ambientes citadinos que se ofrecen, las calidades de vida y del lugar se materializan mejor al interior de un hábitat lógico, optimizado, útil, agradable y sobretodo sano para los residentes de la zona geográfica bajo consideración, siempre en armonía con la naturaleza. Hay que señalar que las decisiones inteligentes de desarrollo son más importantes que la situación heterogénea particular que los ámbitos social, económico, ambiental, político, administrativo, de las distintas colonias/barrios exhibieron en la ciudad tradicional del siglo pasado. Sus desigualdades fueron notables al interior de la población desde la perspectiva de la vivienda, salud, educación, transporte, infraestructura, medio ambiente. Las ciudades de este siglo XXI tienen como propósito la desaparición de dichas desigualdades lo más posible para de esta manera favorecer a un urbanismo más equitativo como ya se ha dicho con antelación. Ese urbanismo le permitirá a los residentes de llegar al proyecto de persona deseado que renovará al conjunto de la sociedad contemporánea de hoy en donde la tecnología de la comunicación asistirá de manera significativa. Habrá así que utilizarla para concientizar mucho más a todos los interesados implicados en la aventura urbana del nuevo siglo.

II. DIFICULTADES PARA LLEGAR A SER UNA CIUDAD MÁS INTELIGENTE.

Todas las ciudades en el mundo actual no podrían ser clasificadas como ciudades inteligentes. No calificarían como tales. La inteligencia de una ciudad no se concibe por su demografía o extensión geográfica. Una ciudad que quiere ser inteligente no lo es en función de su demografía. Hoy en día tenemos grandes ciudades con demografías elevadas como Nueva York, Toronto, Paris, Tokio, México,…que no son ciudades inteligentes. Muchas ciudades se definen asimismo como grandes ciudades a partir de su extensión. A pesar de que el concepto de ciudad inteligente está todavía reformulándose dado que todavía no existe un modelo "global" del mismo cien por ciento, una ciudad que quiere ser inteligente lo es si al interior desarrolla modernos medios tecnológicos de información y de comunicación.

Un modelo de ciudad inteligente que permite resolver eficientemente aspectos de cohesión social, de economía, de movilidad, del medio ambiente, de un manejo apropiado de recursos, de una buena administración pública, es un modelo de desarrollo viable. Una administración de apertura y participación no debe limitarse al uso exclusivo de las TIC's sino a integrar políticas de inclusión social que de lo contrario resultarían en aumentos de segregación social. Esta forma de integración estimula la participación ciudadana de tipo electrónico que abre mucho más oportunidades en sectores de la ciudad que la misma exige para su transformación.

Existen algunas de las ciudades del mundo que incluso utilizan las redes sociales para establecer un diálogo más rápido y directo con sus ciudadanos. La introducción del concepto inteligente en centros urbanos debe principalmente responder a las necesidades y problemas de la localidad dado que no es prudente el generalizar los posibles impactos basándose en las experiencias de otras ciudades con situaciones y perspectivas diferentes. Es así que el modelo de transformación de una ciudad es único y debe diseñarse considerando sus condiciones y recursos reales para definir las prioridades de zonas críticas. Al respecto es siempre posible de elaborar una lista de indicadores de evaluación a partir de un modelo de desarrollo basado en su sustentabilidad, cohesión social, conectividad, innovación, entre oros factores en donde el objetivo aquí es la identificación de los puntos fuertes y de los débiles para establecer estrategias de transformación hacia un modelo individual inteligente. Una ciudad inteligente no debe perder su identidad histórica y cultural producto de una tendencia hacia una homogenización de ciudades contemporáneas. Al contrario, la identidad va a determinar y valorizar las características que la van a diferenciar de otras metrópolis así como a la visión integral que va a establecer sus objetivos y estrategias. Así habrá que evitar lo mejor posible las copias internacionales que no sean compatibles con sus características y necesidades.

En ese sentido, **la primera dificultad** para llegar a ser una ciudad inteligente se encuentra igualmente en la desarticulación entre demografía y medio ambiente geográfico. Se pueden concebir proyectos de desarrollo pero si estos no toman en cuenta a la población en términos de mejoramiento del hábitat y de la calidad de vida de lugares centrales, ese desarrollo no será un desarrollo ético. Este último debe pensarse como un desarrollo sustentable que integra las dimensiones social, económica, ambiental, política, cultural al servicio de la calidad de vida del humano.

La segunda dificultad, para llegar a ser una ciudad inteligente radica en repensar los espacios urbanos en términos de un desarrollo colectivo para el beneficio de la sociedad, no solo para el beneficio individual o de grupo. Si bien no es posible erradicar del todo lo no ético de un espacio urbano, dado que una ciudad inteligente no está exenta de situaciones de ese tipo, ella debe redefinir su relación con lo no ético en lo general para mejor enfrentar a la delincuencia, prostitución, pandillas, bandidaje, etc., en lo particular. Lo no ético no está ausente de un espacio urbano ya que crece con el desarrollo. En este marco se deberá éticamente promover una mejor articulación de la calidad de vida con la del lugar.

En el contexto de una **tercera dificultad** para llegar a ser una ciudad inteligente, se deberán redefinir los objetivos urbanos de forma que estén al servicio de la calidad de vida de todas las personas para disfrutar así de una existencia digna, de una con más humanización del espacio citadino.

A) Ciudad inteligente y desarrollo sustentable.

Si queremos que las ciudades lleguen a ser inteligentes hacia el umbral 2050 debemos integrar en su desarrollo la idea de la sustentabilidad que toma en cuenta las dimensiones ya habladas. El desarrollo sustentable no da la inteligencia a una ciudad, sino que le provee de los recursos necesarios con los cuales apoyarse para mantener la viabilidad de su configuración urbana. No se podría hablar de desarrollo sustentable sin que la política no se comprometa a igualmente consolidar la sustentabilidad. Actualmente muchos países en África necesitan del desarrollo sustentable en muchos ámbitos como lo es en los sectores primario, secundario y terciario tal como lo indica el economista inglés Colin Clark[127]. El sector primario consistente con la explotación de recursos naturales como la agricultura, pesca, bosques, minas, depósitos,… necesita que al pretendido desarrollo se le piense de forma

---

[127] Economista y estadístico británico. Egresado de Oxford, Colin Clark enseñó en diversas universidades (Cambridge, Sydney, Melbourne) hasta 1938 antes de ocupar el puesto de subsecretario de estado en Trabajo e Industria y de dirigir a partir de 1953 al Instituto de Investigación en Economía Agrícola. Autor de un cierto número de publicaciones, Colin Clark es sobretodo conocido por sus trabajos sobre cuantificación del progreso económico. El progreso económico era habitualmente medido por el incremento de los recursos disponibles por habitante. Sin rechazar del todo este enfoque, Colin Clark mas bien lo termina al demostrar que el progreso económico implica la modificación de las estructuras de empleo de la población activa. En su libro *"Condiciones del Progreso Económico"* (*"The Conditions of Economic Progress"*, 1940) define a un agrupamiento fundamental de actividades económicas de producción que incluye a tres sectores:

Al sector primario – agricultura e industrias de extracción.
Al sector secundario – industrias de manufactura.
Al sector terciario – comercio e industrias de servicio.

Esta clasificación analítica retomada por el teórico francés JEAN Fourastié – permite caracterizar el nivel de progreso económico logrado por un país y de cimentar objetivos de política estructural. En efecto, el encadenamiento de fases o estados de crecimiento puede ser verificado estadísticamente – lo que constituye en mucho una parte importante de los trabajos de Clark – pero también explicado por consideraciones teóricas tales como el cambio en la elasticidad de la demanda global de diferentes productos y por las leyes del rendimiento en crecimiento o en decrecimiento. Así, si la demanda de productos agrícolas crece menos rápido que su ingreso, la tasa de elasticidad de la primera es inferior a 1. De la misma forma, la agricultura alcanza rápidamente el máximo de su productividad, con poca mano de obra y un capital suficiente. Bajo estas condiciones, el progreso económico necesita una transferencia de población activa hacia primero el sector secundario y después el terciario donde la perspectiva de productividad y de necesidad es mayor. Esta teoría puede parecer actualmente insuficiente. En nuestros días, el progreso económico no podría únicamente definirse en términos cuantitativos de producción y consumo sin referirse a criterios cualitativos también. **COLIN CLARK - Encyclopædia Universalis.** www.universalis.fr › encyclopedie › colin-clark, consultado el 29 abril 2020.

sustentable generando capitales que sean transparentemente bien administrados e invertidos en lo social para el beneficio de los ciudadanos y el respeto ambiental. El sector secundario que reagrupa al conjunto de actividades de transformación de materias primas (industria, manufactura, construcción…) deberá igualmente concebirse y pensarse dentro de una perspectiva de sustentabilidad. En África y en algunos países de América Latina en donde la industrialización es todavía rudimentaria, ¿cómo se pudieran promover empleos para jóvenes inactivos? Finalmente, en ese orden, el sector de actividades terciarias debe desarrollar servicios múltiples para servir a empresas y particulares en los ámbitos del comercio, transporte, finanzas, inmuebles, de la información y de la comunicación, por una parte y por la otra, servicios no mercantiles que establezcan estructuras públicas coherentes y equitativas en administración pública, enseñanza e investigación, salud y acción social,… Si todos esos diferentes servicios se integran y organizan bien en el marco de un desarrollo urbano, motivarán que la ciudad sea cada vez más inteligente.

Una economía se encuentra articulada e integrada cuando todos los sectores que la componen están interconectados y son capaces de funcionar al servicio del progreso urbano. En la ciudad del siglo XXI no es solamente el comercio tradicional, pecuniario, e indvidual al que se le deberá promover. Se deben cada vez más desarrollar espacios bursátiles en donde las transacciones monetarias generen ganancias para todos. Siendo la economía el motor de toda sociedad, esta misma lo seguirá siendo para sostener al desarrollo de las ciudades inteligentes. Así, la economía a promover no será solamente una economía de intercambio sino continuar con una economía multilateral que involucre a varias ciudades al mismo tiempo. Dado que en ese escenario la ciudad se encontrará dominada por la tecnología de información y comunicación, ella deberá asimismo convertirse en un lugar para el desarrollo cultural al servicio y alcance de todos. Muchas de las ciudades del Sur se caracterizan por la ausencia de una cultura desarrollada que asista a las poblaciones a conocer la evolución del mundo, a comprender bien los desafíos y retos de las mutaciones contemporáneas para estar en ese orden al nivel de una correcta interpretación del futuro del mundo.

En una ciudad inteligente, la cultura debe estar posicionada al centro y debe de concebirse como uno de los impulsos de desarrollo de la sociedad en general y de la inteligencia en particular. No se trata solamente de la cultura escolar universitaria y de la investigación sino de una cultura que irrigue a la vida cotidiana de las poblaciones. Al respecto, es necesario puntualizar que a veces algunas definiciones de ciudad inteligente han sido criticadas por el carácter técnico que como en el caso de este trabajo solo considera al uso de las TIC para la integración de datos como apoyo a la economía y a los servicios de la ciudad. La perspectiva humana aquí vislumbrada, considera igualmente asimismo tanto a los factores sociales como a los económicos desde el punto de su integración en donde el ciudadano llega a ser el centro del desarrollo. Esta perspectiva nos ofrece la posibilidad de adaptar el modelo inteligente a las ciudades menos desarrolladas que no tienen la capacidad de invertir en sistemas tecnológicos avanzados.

Una ciudad inteligente debe ser una ciudad justa y equitativa centrada sobre la participación del ciudadano para mejorar de una forma constante su sustentabilidad y resistencia (*resilience*). Ella se aprovechará de un buen conocimiento de los recursos disponibles, en particular las TIC para elevar la calidad de vida, la eficiencia de los recursos urbanos, la innovación y la competitividad y con esto la resistencia sin comprometer la calidad de respuesta futura de los ciudadanos desde el punto de vista social, económico, ambiental y de gobierno. Según este enfoque pareciera que cuando se habla de una ciudad inteligente se habla de una ciudad totalmente tecnificada y automatizada en donde el ciudadano hiper-conectado pierde toda referencia humana anulando así sus posibilidades de acción y de contribución a la administración para terminar solo como un receptor de servicios. En ese enfoque mas bien se trata de la participación del "ciudadano inteligente" que desempeña un papel principal en el proceso de transformación de la ciudad ya que a través de la tecnología interactuaría con el contexto que proporciona datos para la toma de decisiones colaborando a la planificación social colectiva. Así, la incorporación de nuevas tecnologías en el gobierno urbano proporcionaría las herramientas para el mejoramiento social de la persona, facilitando la instalación de los servicios requeridos por los usuarios, ayudando en este sentido a crear una administración transparente más eficiente, más eficiente en el manejo simultáneso de los recursos económicos y naturales en el marco de un gobierno más participativo e interactivo.

En relación al asunto de la eficiencia, los buenos gobiernos tienen como alternativa viable a la adopción de nuevos mecanismos numéricos que permitan resolver de una forma inteligente problemas locales y mismo regionales del territorio tratado para mejorar así aspectos claves de administración gubernamental, de transparencia y de administración ciudadana sin perder de vista que la tecnología constituye un medio, no un fin en sí. En el corto plazo los administradores de gobierno pueden generar acciones por medio de sólidos apoyos que permitan establecer una base que eleve los niveles de calidad de vida desde un ángulo sociodemográfico.

Todos los proyectos de desarrollo sustentable deben por lo tanto apoyar lo social. Deben tener como finalidad el bienestar de las personas. No se podría hablar de la cultura, de la economía, de la política, de la administración y del gobierno sin relación con lo social. En ciertas ciudades del hemisferio Sur, la vida social parece significativamente abandonada en beneficio solamente del interés tanto de ciertos individuos como de ciertos grupos incluso étnicos. El camino hacia la creación de empresas públicas y privadas de educación, de servicios agrícolas, de alimentación, de energía en todas sus formas, de agua, de salud y de higiene de las poblaciones debe considerarse seriamente para que los habitantes de una ciudad inteligente vivan en la dignidad (Proulx, 2003).

B) Malfuncionamiento de la calidad de vida.

Las ciudades inteligentes deben de articular la demografía con el medio ambiente geográfico. Su desarticulación hundirá a esas ciudades en el malfuncionamiento y reducción de las calidades de vida y lugar. Una ciudad por ejemplo como la de Kinshasa o la de México experimentarán una explosión demográfica en 2050 si no se toman las más adecuadas políticas demográficas. En ese contexto será difícil vivir ahí ya que sus calidades de vida y del lugar disminuirán enormemente. Así, la correlación entre demografía y medio ambiente presentan numerosos desafíos en donde la implícita extensión horizontal sin control va a provocar que el espacio urbano sea inhabitable e invivible; la anomía por ejemplo se convertirán así en algo "normal" en esas ciudades. En ese cuadro, esta obra piensa que la densificación y multiplicación de espacios ecológicos constituirán una política de viabilidad y mejor futuro también para los espacios urbanos mismos. Imaginemos como ilustración a la ciudad de Kinshasa mencionada con antelación que hoy por hoy tiene una población de más de 10 millones de habitantes, explotando cinco veces más para alcanzar al umbral 2050 a más de 50 millones ¿será posible vivir en una ciudad como esa sin cambiar su configuración para crear condiciones existenciales más viables? Esa ciudad con solamente diez millones de residentes actualmente tiene dificultades para alimentar a su gente, proporcionarles servicios de salud, de agua potable, de energía eléctrica, de transporte, etc. La basura se encuentra por todos lados, la vialidad es mala y sin mantenimiento, la canalización de agua defectuosa, el agua de lluvia ocasiona que los cables eléctricos expuestos electrocuten a los peatones, el tráfico en horas pico es imposible... ¿qué pasará con Kinshasa en el 2050?

Hacia 2050 Kinshasa no podrá llegar a ser una ciudad inteligente si las políticas de hoy no la preparan para llegar a ser una ciudad de ese estilo. Ahí, la extensión urbana podrá continuar hasta el infinito haciendo difícil el tener espacios ecológicos a causa de tal desarrollo urbano. La promiscuidad entre otras, se va a incrementar junto al fenómeno Kuluna[128] y la prostitución de jovencitas, las violaciones y violencia de todo género crecerán igualmente de forma exponencial. Si por ejemplo la política de salud y la eliminación de basura no se integran a la política municipal, toda clase de enfermedades se van a multiplicar ocasionando que su erradicación sea muy difícil.

En ese orden es ahora cuando una política de densificación del espacio en Kinshasa debe implementarse según su capacidad de carga urbana para hacer frente a problemas causados directa o indirectamente por la explosión

---

[128] El fenómeno denominado "Kuluna" se refiere a bandas de jóvenes sin ninguna actividad que deambulan en las calles de Kinshasa dedicados al robo y la delincuencia. Se necesita formar, mejor dotar, dirigir bien a esos jóvenes para que ellos puedan contribuir al desarrollo de la ciudad en lugar de dejarlos forzados por las circunstancias a vagar por las calles de la Capital.

demográfica y la extensión desenfrenada. Una nueva política catastral y arquitectónica debe establecerse en la ciudad para su supervivencia. Si la densificación contribuye a la calidad general, esa misma también podrá estimular la promoción de espacios más apropiados con objeto de salvaguardar la calidad citada. El desarrollo urbano debe evolucionar teniendo en cuenta el ajuste de políticas demográficas para mejorar al medio ambiente.

C). Calidad de vida y calidad del lugar en una ciudad inteligente.

La preocupación de una ciudad del siglo XXI será entonces la de poder articular la calidad de vida con la calidad del lugar. Si se vive en un ambiente saneado, limpio con menos contaminación del aire por ejemplo la calidad de vida de la población aumenta. La calidad del lugar se traduce en una inquietud por el medio ambiente frente al desorden general del mismo. La basura y el reciclaje son ilustraciones apropiadas. En muchas ciudades del hemisferio Sur raras son las compañías que invierten en el reciclaje y en la higiene. En el Sur hace calor casi todo el año por lo que la población tiene más necesidad de espacios ecológicos, de parques de distracción, de espacios de reposo,... Debemos entonces de trabajar por la salud mental y física de la gente para que la calidad del lugar destinada a los residentes, aumente.

Así acabamos de hablar de una relación (e importancia) entre la calidad de vida y la del lugar, la salud mental y la física. En la Ciudad de México es realmente difícil garantizar una calidad de vida aceptable debido a la incontrolable expansión urbana que la ciudad actualmente experimenta.

Al respecto recordemos que a medida que las distancias intra-urbanas aumentan, el costo de los recorridos desde el punto de vista económico y sicológico aumenta. Entre mas lejos de los centros de trabajo o de enseñanza se localicen las unidades de habitación, más importantes se vuelven las distancias y el asociado stress de los recorridos que los habitantes de la ciudad realizan como ya se ha puntualizado antes En el caso de México esa situación se traduce no solamente en términos de un tráfico y contaminación más intensos causados por una movilidad de vehículos más fuerte[129], sino también en términos de una de las peores experiencias (económica y sicológica) de transporte cotidiano casa – trabajo ("commuting"). Los tiempos que se desperdician ocasionan impactos muy negativos entre otros sobre la calidad del aire, la productividad de la fuerza de trabajo y el bienestar de los habitantes La movilidad es uno de los desafíos más importantes que las ciudades mexicanas enfrentan.

Muchas personas recorren largas distancias cada día para llegar al trabajo, a la escuela, o a los centros de recreación. En la Zona Metropolitana del Valle de México el 76% de la contaminación del aire proviene del transporte como se indica. En los suburbios el consumo de energía por habitante aumenta a medida que la densidad disminuye. Al contrario, si las ciudades más densas dependieran menos del auto utilizando mas bien la caminata en su lugar, ese consumo disminuiría. El fenómeno de densificación bien puede contribuir a mejorar la situación antes descrita al aumentar la proximidad de las personas, de los servicios, de los empleos. Sin embargo, el aumento de la densidad puede igualmente provocar la saturación de calles al concentrar más personas en espacios más pequeños.

En ese orden, existen alternativas de solución. El gobierno puede prever y planificar los posibles incrementos de demanda en servicios invirtiendo mucho más para mejorar en este caso, la capacidad de la vialidad y del

---

[129] HATT et all, 2004.

transporte público con objeto de equilibrar el aumento de residentes dado en el área. Otra alternativa lo representa el uso de las TIC's. A través de estas, se pueden adoptar ordenamientos de "telecommuting" (teletrabajo) que coadyuven a conservar los niveles de calidad de vida y de calidad del lugar en una cierta zona de la ciudad sin afectar la productividad para ciertas actividades. De esta forma se evitaría la utilización excesiva de vialidades sobretodo en horas – pico, al trabajar de forma remota desde la casa. **Se define aquí como teletrabajo, al trabajo que se encuentra lejos de la tradicional oficina central que se conecta vía computadora para enviar los resultados a dicha oficina (Tello Campos, 1996).**

Así podemos considerar al teletrabajo como a un medio de transmisión de información y comunicación dado que no hay comunicación alguna si esta última no transporta algo (sea esto palabras, objetos visuales, personas, pulsos electrónicos, etc.) a un destino predeterminado. Los beneficios que el teletrabajo reporta sobre la calidad de vida en términos de un mejoramiento sicológico y físico sobre la población son iinmensos. Como se indica el teletrabajo ofrece la posibilidad de trabajar a domicilio remotamente sin salir en dichas horas – pico evitando así el realizar largos recorridos de ida y vuelta cada día casa – oficina.

El teletrabajo surge entonces como una de las alternativas de sustitución de modos de las más significativas. Al mismo tiempo el "telestudying" (telestudio) se encuentra también inscrito dentro de las posibilidades con las que las ciudades disponen para reducir el congestionamiento vial. La sustitución de los largos recorridos por ordenamientos de teletrabajo / telestudio en donde el propósito fundamental es el de elevar la CDV de los ciudadanos dentro del espectro de alternativas viables es por consecuencia muy importante para las ciudades inteligentes por medio de una apropiadoa implementación TIC. Con las posibilidades anteriormente descritas, un número considerable de ciudadanos puede ahora continuar con sus cotidianas actividades desde la multicitada casa, desde la calle, desde el hotel, desde el centro de recreación, desde un tren, desde un avión, etc. De esta manera se pueden establecer oficinas ya sea permanentes o bien temporales a partir de una simple mesa por ejemplo (Barcomb, 1989). Las oficinas móviles convierten en inútiles a los desplazamientos físicos para llegar a una oficina permanente.

En este contexto podemos afirmar que las oficinas móviles hacen más accesible la creación y procesamiento de información. Hoy en día, este tipo de teletrabajo se está volviendo cada vez más popular debido entre otros a la pandemia del virus corona que nos ha afectado, ya que la gente puede lograr un progreso mucho más productivo y seguro en la soledad y confinamiento de su propia casa. Al mismo tiempo, evita el congestionamiento de calles y avenidas, el stress asociado a cada viaje, las distancias, el desperdicio de tiempo y el costo de un combustible cada vez más caro y significativo así como el posible contagio y transmisión de pandemias.

Si pensamos en las ventajas que las TIC's ofrecen a través de la experiencia del teletrabajo para la calidad de vida de las personas así como de los organismos tanto públicos como privados, podemos afirmar que actualmente las TIC's se están convirtiendo en una estrategia viable para las ciudades inteligentes del siglo XXI gracias a los beneficios descritos.

Hoy en día países como Canadá, los Países Bajos, Finlandia, Nueva Zelandia, Estados Unidos y Australia, están adoptando modos de trabajo a distancia en sus ciudades como norma de actividad cotidiana. La razón principal de la popularidad de los programas de tecnología aplicados a medios urbanos está relacionada con el rechazo de continuar cada día realizando largos recorridos casa – oficina con todos los problemas que eso implica (Gurstein P., 1994; Tello Campos, 1996). Al respecto, el teletrabajo puede asimismo revertir el desequilibrio de población entre lo urbano y lo rural, el primero en muchos casos sobrepoblado y el segundo cada vez más vacío con objeto de restablecer el balance buscado a través de una mejor distribución demográfica. Ese equilibrio aporta enormes beneficios a las ciudades sobretodo a las más grandes de hoy en día en términos de una optimización no solamente demográfica sino también de tráfico, de una mejor localización de empleos, de necesarios servicios urbanos, etc. De lo que se trata aquí es de dotar a las ciudades de una manera más lógica e inteligente de distribuciones más homogéneas. El establecimiento de oficinas satélites en zonas rurales aumentaría mucho el poder de atracción hacia esas zonas (sobretodo en el caso de las personas que después de un cierto periodo les disgustan las zonas urbanas) de gente que maneja todavía la idea de regresar a sus sitios de origen, pero esta vez como tele-empleados.

Tal iniciativa les proporcionaría así la oportunidad de regresar a dichos sitios junto a sus familias, para igualmente estar cerca de sus amigos, de su ambiente vivido apoyando al mismo tiempo al crecimiento económico local, reduciendo los problemas ambientales actuales. Se cree que el teletrabajo tiene la posibilidad de mejorar la calidad de vida reforzando los lazos familiares y del vecindario como antes se menciona, proporcionado un estilo de vida más humano. El teletrabajo está estableciendo esquemas sin fronteras con positivas consecuencias sobre la forma en que planificamos y utilizamos el suelo urbano re-definiendo así la configuración de las ciudades, de los servicios de transporte y de la ubicación de vivienda entre otros. En ese contexto el teletrabajo favorece la calidad de vida, la calidad del lugar y finalmente el bienestar humano en el limitado ambiente que los modos tradicionales de pensamiento han ofrecido en el siglo anterior frente a los modos inteligentes de pensamiento que las ciudades del siglo XXI hoy ofrecen. Las TIC's por medio del teletrabajo tienen un futuro prometedor. Las tendencias actuales nos indican que el trabajo desde casa será cada vez más bien recibido. Una de las razones de tal situación radica en la gran flexibilidad de su ubicación. Antes de su advenimiento, la regla que se imponía sobre las personas ordinarias era la de mudarse a las grandes ciudades para encontrar el empleo que ellas no podían encontrar en sus lugares de origen. Hoy en día el teletrabajo tiene la capacidad de cambiar esa regla para muchas de las citadas personas.

Si las tendencias son correctas, es lógico afirmar que la economía se va a concentrar en el futuro sobre las plataformas de información y comunicación mucho más que actualmente por lo que las gentes se van a ganar la vida administrando esta información y esta comunicación al proporcionar por ejemplo servicios de asesoría como se indica. Todo esto irá acompañado de un notable mejoramiento de la calidad de vida como consecuencia del mejoramiento de la calidad del respectivo lugar.

Con el teletrabajo se espera que los tradicionales recorridos (ida y vuelta) a la oficina sean en cierta medida reemplazados por el trabajo en casa, por los recorridos a oficinas satélite, recorridos hora – pico más dispersos, que impliquen una reducción en el nivel de stress de los habitantes de la ciudad inteligente. En otras palabras, se espera que los empleados conviertan al porcentaje de tiempo dedicado a recorridos tradicionales en productividad (McKittrick, M., 1994). En la actualidad deseamos que suceda un cambio importante de comportamiento en la movilidad y de mentalidad profesional de gerentes y empleados (Tello Campos, 1996).

En cuanto al telestudio, las TIC's realizan también una contribución notable en el cuadro de calidad de vida. El asunto de la educación siempre ha jugado un papel importante en el desarrollo de los humanos y por ende en el de las ciudades sobretodo desde el punto de vista de la inteligencia que ests obra intenta aquí promover. Desde tiempos muy antiguos diferentes civilizaciones han considerado a la educación de la población como un medio muy útil para garantizar el progreso de sus gentes, situación a veces difícil de lograr. A través del mismo tiempo se han combinado muy eficientemente distintas situaciones como la política, la administración, la economía, la topografía, la distancia, etc., con objeto de suministrar educación a los pueblos: Un pueblo sin educación, es un pueblo sin posibilidadesr de progreso.

Educar a un pueblo es una tarea enorme sin los medios apropiados. Una promesa electoral muy popular en el momento de las elecciones ha sido la de mejorar el nivel de educación (cultura) de ciertos países. Esto gana siempre votos en el electorado. Pero una cosa es prometer y otra muy diferente es la de cumplir esas promesas electorales.

En este sentido las TIC's se posicionan como el medio cuasi-ideal para colaborar con los distintos gobiernos con objeto de cumplir las promesas mencionadas sobretodo en un contexto de expansión urbana exagerada para llegar a los centros de estudio. Este es el caso de muchas de las grandes ciudades del mundo que desafortunadamente experimentan al respecto muchas dificultades en la actualidad. El papel de la distancia llega a ser entonces crítico en el proceso de expansión urbana. Las tradicionales grandes ciudades de hoy crecen cada vez más reduciendo con esto la CDV y CDL de sus habitantes como ya sabemos. Los enormes recorridos que estos habitantes están obligados a realizar cotidianamente para ir a estudiar representan en muchos casos una gran frustración. El "telestudio" abre posibilidades para superar ese obstáculo. En ese marco, la gente debe conectarse desde casa a la institución pública seleccionada para continuar de esa manera su formación educativa.

Desde la Revolución Industrial es la primera vez que las personas disponen de un medio para proseguir con sus actividades en la comodidad de su misma morada. Se trata entonces de un verdadero regreso al "antiguo urbanismo" en donde no existía ninguna distinción en las actividades hábitat / taller. Los impactos que los esquemas TIC tienen no solamente sobre la ciudad sino sobretodo sobre la vida de los ciudadanos serán muy importantes en el futuro para el desarrollo inteligente de grandes ciudades. Esos esquemas son el cimiento para el auténtico cambio paradigmático citado sobre la forma de pensar, de planificar, de diseñar y de construir las ciudades del siglo XXI.

III. LA ÉTICA Y LA NO ÉTICA EN EL DESARROLLO URBANO DE LAS CIUDADES INTELIGENTES.

En un marco de sociología ética y de sociología no ética hay que notar que las ciudades inteligentes no son ciudades exentas de lo que no es ético según asimismo Durkheim[130], Ellas no son precisamente ciudades que pudiéramos denominar esencialmente morales, irreprochables en esa dirección. Al hablar de la ética en el desarrollo del espacio urbano, esta obra insiste más en tres aspectos: antes que nada, las ciudades inteligentes al buscar la calidad de vida y la calidad del lugar deben dirigirse hacia el bienestar de la persona humana desde la perspectiva de la moral de Kant[131]. Kant nos habla en sus propios términos en relación al propósito final de la moral como sigue:

"Entonces yo digo: el hombre y en general todo ser pensante existe como fin en sí mismo *y no simplemente como un medio* en donde tal y tal voluntad puedan imponer su parecer bien sobre todas sus acciones ya sea en las que le conciernen a él mismo o en las que le conciernen a otros seres pensantes; por esto se le debe entonces considerar siempre como un fin. De tal forma, el valor de todos los objetos posibles a adquirir por nuestras acciones estará siempre condicionado. Las personas cuya existencia es dependiente no de nuestra voluntad sino de la del ambiente, cuando se encuentran carentes de razón no tienen mas que un valor relativo, el de los *medios*. Al contrario, a los seres pensantes, los denominamos *personas* porque su naturaleza los define ya como fines en sí mismo, esto es

---

[130] DURKHEIM E., *De la division du travail social*, Paris : PUF, 2007.
"En *De la division du travail social*, Durkheim dedica su tercer libro a las anormales formas de división del trabajo y el primer capítulo del mismo a la división del trabajo anómico. Nuestras sociedades muestran que ese proceso de división no hace mas que crecer. La idea general de la teoría de Durkheim radica en la afirmación de que las sociedades evolucionan de un tipo de solidaridad mecánica a un tipo de solidaridad orgánica. En el primer caso, los elementos que constituyen la sociedad se yuxtaponen. En el segundo, se coordinan. El paso de una solidaridad mecánica a una orgánica se asocia a la aparición y desarrollo del tipo de división del trabajo

Pero si en teoría la intensificación de la división del trabajo debe aumentar la solidaridad e interdependencia entre los miembros de una sociedad, si la interdependencia entre los individuos tiene por consecuencia la dependencia de cada individuo en particular en relación a un conjunto de reglas implícitas o explícitas, se constata entonces que a división del trabajo puede acarrear consecuencias inversas. De esta forma, la especialización en el dominio de las actividades intelectuales conduce al conocedor no a la solidaridad sino al aislamiento". ANOMIE, L'anomie de Durkheim - Encyclopædia Universalis www.universalis.fr consultado el 30 de abril 2020.

[131] KANT E., *Les Fondements de la métaphysique des moeurs*, p. 39-42. Traducido del alemán al francés por Víctor Delbos (1862-1916) a partir de la edición de 1792. También un documento producido en edición numérica por Philippe Folliot, profesor de filosofía en el Liceo Argo de Dieppe en Normandía. Correo electrónico philippefolio@wanadoo.fr Site web: http://perso.wanadoo.fr/philotra/ En el contexto de la colección "Les classiques des sciences sociales" Sitio web: http://classiques.uqac.ca/ Una colección desarrollada por Jean-Marie Tremblay, profesor de sociología en el Cégep de Chicoutimi, en colaboración con la Biblioteca Paul-Émile-Boulet de l'Université du Québec en Chicoutimi, Sitio web:: http://bibliotheque.uqac.ca/

como algo que no puede ser empleado solamente como un medio, algo que como consecuencia limita toda facultad de acción propia. No se trata simplemente de un asunto subjetivo en donde la existencia como un efecto de nuestra acción posee un valor únicamente para nosotros; se trata de un asunto objetivo en donde la existencia es un fin en sí misma y mismo un fin que no puede ser reemplazado por ningún otro al servicio de la cual, lo demás es solo un medio… Es un principio objetivo en donde pueden derivarse como un principio práctico supremo, todas las leyes de la voluntad. El imperativo práctico será entonces el siguiente que mencionamos: Acciona de tal suerte que trates a la humanidad realmente bien en la persona de todos los otros como un fin y nunca simplemente como un medio”[132].

Las ciudades inteligentes se reconocen asimismo a través de la promoción ética de los espacios ecológicos urbanos que sanitizan su medio ambiente. Hans Jonas si bien considera la moral kantiana como inoperante en la actualidad nos invita siguiendo a Kant, a ser responsables con el futuro de la humanidad a través de sus diversas máximas:

“actúen de tal forma que los efectos de sus acciones sean compatibles con *el desempeño de una vida auténticamente humana* en tierra”, o bien “actúen de forma que los efectos de sus acciones no sean negativos (no éticos) para *la posibilidad futura* de dicha vida”, o todavía “no comprometan las condiciones para la supervivencia indefinida de la humanidad sobre la tierra” e “incluyan en sus opciones actuales a la integridad del hombre como objeto… de su voluntad”[133].

Las ciudades inteligentes deben de preocuparse éticamente no solo por el cambio climático y la reducción de carbonos mencionados en este trabajo, sino en general por la humanidad desde la perspectiva de su cambio histórico en donde el ambiente estará cada vez identificado por la influencia del desarrollo de la ciencia y la tecnología, debate heredado de las denominadas Luces de Kant y de otros filósofos.

A) El bienestar de la persona humana.

Si en el contexto de las ciudades tradicionales se toma en cuenta a la demografía, a la superficie de un territorio, al fenómeno de metropolización,

---

[132] KANT E., *Les fondements de la métaphysique des meurs*, p. 40.
[133] JONAS H, *Le principe responsabilité*, Paris, Le Cerf, 1990, p. 30-31.

en las ciudades inteligentes el desarrollo urbano debe concebir y organizar a los recursos naturales para el beneficio de los habitantes: promover proyectos transnacionales y nacionales que mejoren la calidad de vida, incrementar la dinámica económica y la buena administración de esos recursos naturales como se ha dicho. Mas que alcanzar la viabilidad de las ciudades inteligentes, el éxito busca reforzar la cohesión social en el territorio. Entre las iniciativas que podemos denominar como inteligentes, distinguimos la utilización de las TIC en la creación de plataformas digitales que permitan a los ciudadanos de interactuar y vivir en interdependencia en el marco de la difusión de proyectos municipales, de la promoción estratégica de empleos, de la formación tecnológica de las personas en el seno de laboratorios de innovación.

Los avances electrónicos que se han realizado en los servicios gubernamentales en donde los portales de transparencia y de datos abiertos permiten la obtención de una información fiable sobre población, economía, servicios urbanos y administración entre otros, son reconocidos en esta obra. Las TIC pueden de esta forma convertir igualmente a las personas minusválidas en más eficientes personas, en particular a las personas con fuertes problemas de movilidad, para convertirse en personas tan bien equipadas en ese sentido como cualquier otra. A través de las TIC y los arreglos de teletrabajo esas personas pueden bien integrarse a la fuerza laboral de la ciudad inteligente.

Debemos entonces concebir en ese marco nuevas configuraciones urbanas que se preocupen de la calidad de vida de los hombres que conviven en sociedad. A pesar de lo dicho, no estamos bajo la perspectiva kantiana de que únicamente el hombre es moral y por lo tanto merece automáticamente su dignidad. Nos encontramos mas bien bajo una perspectiva de moral abierta que considera al hombre viviendo en sociedad como el motor de todo desarrollo sustentable. En ese contexto una ciudad inteligente debe concebir todo: desarrollo (de recursos, infraestructura, etc.) en función del hombre para su realización. Una ciudad inteligente que no trabaje para la realización del hombre no debe ser denominada como tal. Es una ciudad inteligente porque fundamentalmente el ser más inteligente, el hombre ahí vive. Si todo debe de concebirse en función de este mismo, todo debe concebirse igualmente en función de su calidad de vida y de su bienestar. En ese orden, una ciudad no es inteligente solo porque se desarrolla al interior de modernas tecnologías de información y comunicación; ella es inteligente porque adicionalmente en su interior vive un ser inteligente, el hombre, capaz de concebir y de desarrollar espacios urbanos coherentes, organizados, e integrados.

Las ciudades de países en desarrollo como es el caso de los de África y de América Latina viven un proceso de urbanización acelerado. Para el caso de América Latina, esa situación ha permitido que un 80% habite ya en centros urbanos, razón por la cual esta región es la segunda más urbanizada de todo el mundo (United Nations, 2014). Esto ha acarreado como consecuencia una extensión sin control y muy dispersa que ha dado lugar al florecimiento de ciudades latinas muy fragmentadas (Tello, 2022) llenas de desigualdades socioeconómicas y de urbanizaciones informales (sin planificación) con una falta acuciante de servicios de infraestructura. Resolver esos desafíos ocupa la prioridad sin duda alguna a la hora de pensar en los mecanismos de funcionamiento de la ciudad inteligente en la región. Así, la participación de los ciudadanos debe de dirigirse hacia un acceso libre al internet en espacios c instalaciones públicas y hacia una plataforma de datos abiertos que permita reunir y emplear a las mismas personas en una co-creación de ciudad inteligente. Así, las iniciativas orientadas y apoyadas por las mismas encuentran en las TIC una eficiente respuesta a los problemas de seguridad, de movilidad y del ambiente sólo por mencionar a algunos de ellos. Todas estas iniciativas sin duda son atractivas no sólo para ellos sino también para los visitantes, empresarios, inversionistas, etc., dado que motivan a un ecosistema activo de ideas innovadoras en el marco de una utilización de las mismas TIC (como por ejemplo, la adopción de programas de teletrabajo en medios urbanos).

Si Kinshasa y México por ejemplo, quieren formar parte de las ciudades del siglo XXI, se deben preocupar del bienestar ético del hombre en función al entorno que lo rodea. En ciudades en donde los problemas de expansión urbana se amplifican provocando muchos problemas no éticos, no se puede hablar de inteligencia. En ciudades en donde los problemas de hábitat y vivienda se van a presentar a causa de una explosión demográfica, no se puede hablar de ciudades que se preocupan por la realización antes citada. En ciudades en donde los problemas de servicios, de alimentación, financieros, de transporte, salud, agua, energía, aumentan al lado de los de basura, e higiene, no se puede hablar de una ciudad inteligente dado que esta carencia de elementos de base para la vida en sociedad no puede permitir al hombre de acceder a su realización y a una vida de dignidad como se menciona.

B). La responsabilidad en el futuro de la humanidad.

Si evidentemente Kant[134] reconoce que el hombre es el único ser moral sólo porque es racional, Jonas y su ética de responsabilidad[135] nos previene de la irresponsabilidad de ese hombre en función del futuro de la humanidad. El

---

[134] KANT E., *op. cit.,* p.39-42.
[135] JONAS H, *op. cit.,* p. 30.

afirma que el hombre no es el único ser inteligente; tenemos también a los animales. Y seguimos siendo responsables del futuro de la humanidad. Debemos de estar conscientes de eso y de que la ética de Kant no nos ayuda en ese sentido dado que es una ética centrada en el hombre que olvida todo debate sobre el medio ambiente. Si la ética moderna se centra en la persona humana, la ética postmoderna lo hace sobre el respeto al medio ambiente. Lo propio de una ciudad inteligente es de respetarlo. En este contexto el proyecto de re-densificación consiste en poder oponerse a la extensión horizontal interminable de ciudades para reservar espacios ecológicos para la agricultura y la vida del hombre en sociedad. La configuración de una ciudad inteligente radicará entonces en la reservación de esos espacios pero también en la interconexión de sectores que le permitan al citado hombre a re-encontrar su realización y una vida de calidad en dicha sociedad.

Es justo en esta perspectiva que ciudades como las mencionadas de Kinshasa y México bien puedan incrementar por ejemplo sus espacios verdes en términos de parques, plantación de árboles, a lo largo de avenidas y calles, etc., fomentar la instalación de los denominados "techos blancos" que contribuyan reflejando los rayos del sol así como promover la creación de "techos verdes" que colaboren atenuando la necesidad de aire acondicionado[136]. Una ciudad no puede llegar a ser inteligente en el futuro si no respeta la ecología. Una consciencia ecológica ayudará a las reservas de espacio citadas que aumenten la calidad de vida de los residentes.

Las TIC pueden significativamente colaborar al respecto por medio de los mismos esquemas de teletrabajo antes descritos atenuando la expansión de lo urbano que entre otras cosas no respeta la ecología y provoca la aparición de

---

[136] RADIO CANADA, 2019.

fenómenos no éticos altamente negativos (segregación social, étnica, cultural, etc.) en el futuro de todo el mundo (la ciudad, la sociedad, la economía local, los gobiernos municipales, el medio rural, entre otros) lo cual será nuestra responsabilidad. Sin duda, esos esquemas digitales ciertamente ofrecen interesantes posibilidades para intentar de resolver esos problemas pero habrá que implementarlos de manera muy prudente. Una excesiva adopción de tales esquemas puede fomentar precisamente lo contrario a lo que se pretende: una expansión urbana sin control que aquí se busca desalentar (Irwin, N., 1994). Trabajar lejos en casas ubicadas en el suburbio parece muy atractivo y alentador para las personas que habitan ya sea en el centro, en lugares peri-centrales, o mismo en los periféricos de la ciudad.

No obstante, esa atracción y movimiento demográfico asociado corren en ese contexto el riesgo de densificar y de continuar aumentando excesivamente los sitios que no deseamos ver crecer sin control: el exterior de la ciudad, esto es, la periferia con todos los problemas que se manifiestan en contra de la naturaleza y del clima. De esa forma la solución recae precisamente en el cambio de modelo de uso de los terrenos urbanos y en una mejor distribución de densidades.

C). Atención particular al cambio climático.

El cambio climático se manifiesta por medio de la evidencia que actualmente proporcionan inviernos cada vez más cortos, lluvias torrenciales que provocan inundaciones y tormentas que arrasan todo al pasar solo por citar algunos casos. Las ciudades no están exentas de esos cambios. En ese sentido, las grandes ciudades deben de participar en el debate sobre el citado cambio con objeto de elaborar políticas de reducción de calentamiento global del planeta (efecto de invernadero) por ejemplo. Países como el Canadá han tomado consciencia del peligro de la expansión urbana como participante en la destrucción de los ecosistemas al imponer superficies de concreto sobre las naturales. Los suburbios que se apoyan en los patrones de casas solas periféricas incrementan aún más el efecto de invernadero que los patrones con casas dúplex, en condominio, o bien en apartamentos centrales. Las primeras consumen más energía de calefacción per capita al ser más grandes y tener menos residentes. Adicionalmente, vivir en el suburbio o en algún otro sector lejos del lugar de trabajo aumenta las multimencionadas distancias de transporte y significativamente anima la utilización del bien conocido automóvil. En el Canadá, el transporte en todos sus modos representa el 25% de las emisiones de invernadero. Como lo señala el organismo "Vivre en Ville" ("Vivir en Ciudad") ciertos municipios ya han decidido actuar. Por ejemplo, en la Zona Metropolitana de la Ciudad de Montreal no se ha autorizado desde 2011 ningún cambio de uso agrícola a otros usos en virtud del *"Plan Métropolitain d'Aménagement et de Développement"* ("Plan Metropolitano de Planificación y Desarrollo").

Esta decisión ha puesto en relieve que en cierta forma ya se colabora con el proceso de consolidación urbana dado en numerosas colonias y barrios de la metrópolis quebequense. Además un 85% de las nuevas unidades de habitación se tienen que construir bajo un patrón multifamiliar. Para permitir una adecuada re-densificación en ese contexto, se debe igualmente atender al asunto del mejoramiento del transporte colectivo, promover el establecimiento cercano de comercios y servicios y en general de un mejoramiento urbano a escala más humana[137]. La participación de las

---

[137] *Ibidem.*

ciudades en el debate sobre el cambio climático permitirá conocer lo que sucede alrededor, comprender la clase de desafíos y retos ligados a ese cambio y elaborar políticas que respondan mejor al contexto y problemas locales. En cuanto a las ventajas que las TIC le reportan por medio de diferentes esquemas al multicitado cambio, destaca la contribución en el ahorro de energía frente a la del automóvil al lograr una importante reducción de emisiones tóxicas a la atmosfera que atrapen el calor de la uperficie así como en el nivel de ruido en las ciudades al limitar más el auto privado.

Gracias a las TIC actualmente existen programas como el que se ha muchas veces mencionado en esta obra del "teletrabajo" junto a una combinación responsable de uso del suelo y de transporte urbano los cuales se pueden complementar bien para alcanzar los niveles deseados de calidad del aire en medios asimismo urbanos. Basados en la contribución de todos esos integrantes, se esperan como consecuencia del nuevo comportamiento de viajes los respectivos beneficios ambientales. De tal forma, los esquemas de teletrabajo desempeñarán un papel muy pertinente en el futuro del desarrollo urbano. Los cambios en la relación teletrabajo / persona / jornada de viaje / automóvil / consumo de energía / calidad del aire podrán modificar el futuro. Si el medio ambiente perniciosamente todavía depende de la utilización del automóvil, una reducción de viajes por ese modo será muy importante al final. Los nuevos consumos de energía y de contaminación de aire sobre la calidad de vida y del lugar serán finalmente relevantes.

Este segundo capítulo concluye al sostener sin reservas que una ciudad inteligente debe manifestar claramente un cierto equilibrio entre Demografía y Geografía. No es posible concebir una ciudad inteligente bajo la perspectiva de las metrópolis modernas del siglo pasado con el actual desequilibrio que se presenta entre nivel de población y de su espacio territorial. La inteligencia urbana nos conduce a repensar en la urbanidad como una salida a la metropolización por el bienestar, desarrollo y realización de la vida en general. El desequilibrio Demografía / Geografía presenta dificultades evidentes ligadas a la inauguración de ciudades inteligentes que doten a los habitantes de una calidad de vida y del lugar que beneficie a todos. No obstante las TIC bien administradas en un marco de respeto ético ayudarían a comprender que no se podría aplicar ideas de pertinencia y consistencia a los conceptos de "ciudad inteligente" si la persona humana en su biodiversidad ambiental no ofrece a la vez una perspectiva y futuro de urbanidad en el siglo XXI. Es así como dice Gehl que en un cuadro de desarrollo y planificación:

"mas que empezar con inmuebles seguidos del espacio y (con un poco de suerte) de la vida, la dimensión humana exige de acordarle prioridad a esa vida y espacio urbano mismos. En síntesis, esa planificación exige de empezar todo proyecto de desarrollo a través de un trabajo preparatorio que determine la naturaleza y amplitud de la vida urbana que ahí se anticipa. Acto seguido, concebir los espacios y la estructura de los lugares en función de las relaciones peatonales y de movilidad (en bicicleta por ejemplo) que se deseen ahí implantar (Copenhague). Una vez que esto ya se haya realizado, ubicar los inmuebles de tal forma que aseguren la mejor coexistencia posible con la vida y los espacios hablados. Es factible de aplicar este tipo de planificación a vastos proyectos que se extiendan a sectores enteros de una ciudad: logrado eso, estos respetarán siempre los criterios de base de una exitosa integración a escala humana"[138].

En ese orden de la ética se toma aquí muy en cuenta a los conceptos de la vida en general y de biodiversidad en términos de de la persona humana y la preservación de la naturaleza respectivaamente. Una transformación ética, social, ecológica y tecnológica contribuirá y dará a una ciudad determinada su estatus de inteligencia. Tal es el programa sobre el cual habría que pensar y reflexionar en el tercer capítulo de este libro: **¿Cómo las diferentes revoluciones se concebirán y ubicarán para acelerar la aparición de**

---

[138] GEHL J., *op. cit.*, 2012, p. 210.

ciudades inteligentes en este siglo? Para que las ciudades inteligentes lleguen a ser una realidad y se inscriban en nuestra cotidiana existencia debemos integrar las diferentes revoluciones en curso, pero también dedicarles los medios financieros que sean pertinentes, mismo limitados, para la CDV / CDL de los habitantes de lo que se conoce como planeta Tierra.

CAP. III. NUEVA CONFIGURACIÓN URBANA DE CIUDADES

Después de haber identificado los desafíos y retos sociológicos y geo-históricos de las ciudades inteligentes, éste tercer capítulo del libro se concentra mas bien sobre una nueva configuración urbana para las ciudades del siglo XXI. Esta nueva configuración urbana reposará sobre el nuevo paradigma conocido comúnmente como *ciudad inteligente.*

Desde el siglo XIX la sociología y geografía urbanas hubieran hecho mal en intentar definir algo complejo como la noción de ciudad (siempre en evolución), la cual involucra a muchos aspectos tales como los de la demografía, administración, política, economía, cultura por citar algunos. La población parece ser el indicador más representativo para definir a una ciudad dado que el criterio de una población urbana aglomerada es muy variable en el tiempo de acuerdo al país que se trate. Así desde el punto de vista de las aglomeraciones, identificamos importantes metrópolis como Tokio, Nueva York, Paris, Toronto, México,... todas ciudades globales y mundiales, grandes centros financieros e industriales en los distintos continentes de este planeta.

En ese contexto, durante el siglo XX mientras que las capitales europeas se encontraban presa de los terrores de la guerra, Nueva York por ejemplo al margen geográficamente hablando, se convertía en capital del mundo libre entre 1940 – 1950 (Nueva York, tierra prometida y cuerno de la abundancia). Todo contribuía a convertirla en la ciudad más poderosa y más dinámica del planeta. De esta forma tal parece que ella funcionó bien sobre el modelo de las aglomeraciones cuantificables así como de la metropolización de ciudades descrita por Georg Samuel y otros a la vuelta del siglo XX[139],[140]. Su numerosa población (en 1940, casi 12 millones de personas habitaban ya en Nueva York y su aglomeración), su arquitectura, sus universidades, sus artistas, sus empresas instaladas en su territorio le aseguraban un prestigio extraordinario. La guerra ahí se vivía de una manera completamente diferente. Nueva York llegaba así a ser la capital de los exiliados, mismo si la adaptación al *"American way of life"* no era fácil.

La segregación racial era tan fuerte que el célebre autor negro americano Richard Wright decidió mudarse de Nueva York a Paris en 1946. Para él era imposible de ir a cortarse el pelo fuera de Harlem ! En fin, Nueva York era en ese momento la capital del arte moderno y la meca del jazz. La vida cultural era muy diferente a la de Paris (Paris 1944 – 1954). Artistas, intelectuales, públicos: (la cultura como un reto). Inmediatamente después de la guerra comienza una década de transformación que hace caer a Francia en la era del consumo. Culturalmente ya no sobresale de la misma forma. En el dominio de la pintura, un apego al pasado impide captar los nuevos valores en proceso de afirmación. En literatura, la élite intelectual que no ha sobresalido por su valor

---

[139] SIMMEL G., Métropoles et mentalité, unige.ch › sciences-société › socio › files › Simmel_1903. En su artículo, el sociólogo Georg Samuel busca establecer una correlación entre las estructuras de un espacio urbano y las estructuras de una mentalidad descrita como *la mentalidad metropolitana* de las grandes ciudades. Las grandes ciudades son los lugares de la economía monetaria (p.63). Ellas son el principal asiento del intercambio monetario. Las grandes ciudades son asimismo los lugares del intelectualismo, de la existencia (p.64). Londres respira no como el corazón de Inglaterra, sino como su espacio intelectual y bursátil. Las grandes ciudades son el asiento de la más alta división económica del trabajo (p.71). Las grandes ciudades son finalmente el asiento de la libertad personal y asiento del cosmopolitismo. El horizonte y las relaciones económicas, personales, e intelectuales de la ciudad constituyen en la sociología urbana de Georg Samuel, la mentalidad metropolitana (p.69).

[140] Cf. LABORDE, P., *Les espaces urbains dans le monde*, 2. éd., Paris, Nathan, 2000. FIJALKOW Y., *Sociologie des villes*, 4e éd., Paris, La Découverte « Repères », 2013, FREY, P. J., *Prolégomènes à une histoire des concepts de morphologie sociale et de morphologie urbaine*, Montréal, 2003, BASSAND M, et al, *Enjeux de la Sociologie Urbaine*, Lausanne, 2007.

y lucidez, intenta terminar con ese periodo. Así en 1945 se impone que la cultura evolucione hacia un nuevo medio, en donde la política ocupará entonces un lugar importante en la sociedad francesa[141].

Así, en el contexto de la demografía de la época se habla ya de ciudades en función de su número de habitantes según cada continente y cada país. Esto nos informa de grandes conglomerados en donde la población de ellos comienza a ser elevada. La misma existencia de esas enormes ciudades es muestra clara del desequilibrio que existe entre dicha demografía y espacio territorial. Ese desequilibrio se presenta como base para una anomía social, promiscuidad, segregación urbana, exclusión social y aislamiento, bandidaje, y prostitución, en síntesis violencia urbana y falta de ética social. La consolidación de las grandes ciudades no consideraba mucho en ese entonces al asunto de la calidad de vida de los habitantes y de la calidad de los lugares. Le era difícil articular calidad y cantidad para el beneficio de los habitantes y la cohesión social. El vivir en comunidad no representaba una preocupación en la planificación y desarrollo urbano. Sin embargo, la transformación tecnológica que comenzó durante el siglo XX y una mayor sensibilidad ética en el contexto de la postmodernidad por un lado en tórminos de un aumento en la desigualdad, de la pobreza sostenida por políticas neo-liberales así como de una creciente preocupación ligada a un respeto por la biodiversidad ecológica parecen haber impuesto un nuevo paradigma en la planificación y desarrollo urbanos: el de la ciudad inteligente. La transición urbana de ciudades metrópolis a ciudades inteligentes se acelera y se facilita por medio de la investigación del equilibrio demografía – espacio geográfico territorial. En esa búsqueda del equilibrio, arquitectos, ingenieros, demógrafos,

---

[141] BEAUREGARD C. (1995). Reporte de los Años 40. Ombre et lumières. Quatre capitales emblématiques]. *Bulletin d'histoire politique*, 4 (1), 89–90. https://doi.org/10.7202/1063520ar

sociólogos, geógrafos, historiadores, políticos, antropólogos, sicólogos, ... desean promover la creación de ciudades inteligentes al seno de las cuales se conciban proyectos inteligentes en los diferentes sectores de la sociedad: transporte, distribución de energía, del agua, educación, salud, producción de deshechos y reciclaje industrial, reducción de la congestión urbana, lucha contra el crimen y el contrabando, respeto al ordenamiento catastral,... Ciertos autores y especialistas en planificación urbana afirman sin reservas que las ciudades inteligentes son un concepto muy débil. Es por eso que en contraste, en este libro se considera al concepto de ciudad inteligente como un paradigma pertinente, coherente y prospectivo con un amplio futuro dentro de nuestro contexto postmoderno.

El concepto de ciudad inteligente toma en cuenta no solamente al equilibrio entre poblaciones y espacios geográficos sino también y sobretodo desmetropoliza a nuestras ciudades al promover la calidad de vida y del lugar locales. En este contexto, la definición de ciudad debe drásticamente cambiar dado que no es ya más una aglomeración de intercambios monetarios, cultura y arte. La ciudad no es más, solamente y antes que nada "un medio físico", una organización colectiva de servicios sino también fuente de bienestar, así como de molestia, inconvenientes y riesgos desigualmente distribuidos. Lejos de ser una geometría abstracta, ya no está constituida solamente de espacios materiales y de lugares insensibles en donde se expresan los colectivos. En ese sentido reintroducir la sociología urbana a la dimensión espacial y territorial parece entonces fundamental. Tofo desarrollo no puede comprenderse mas que sólo en su relación con la sociedad que lo acoge y produce. El urbanismo dividido entre una lógica de planificación y una práctica de concertación se encuentra al mirar su historia frente a los debates.

El primer aporte de la sociología urbana está ligado a la contribución de un verdadero desarrollo sustentable, demostrando que la ciudad colectiva no es más una mercancía[142]. La ciudad se convierte mas bien en un espacio de inteligencia el cual enriquece la calidad de vida y la calidad del lugar para el beneficio de sus habitantes, gracias a la ética y sus avances tecnológicos. El concepto de ciudad inteligente en la sociología urbana aporta adicionalmente el citado equilibrio entre población y espacios geográficos.

En ese contexto, hablamos de ciudades inteligentes como poseedoras de una población bien determinada y precisa de habitantes que controlan mejor el flujo migratorio así como la anomía social. Las ciudades inteligentes van sobretodo a promover la cohesión e integración de todos, trabajando mucho más en el cuador de una igualdad de oportunidades, en la participación de una democracia plural y ciudadana y en la justicia social para todos, En síntesis, ellas buscan promover una vida comunitaria y armoniosa, herencia de Aristóteles..

El concepto de ciudad inteligente buscará así armonizar la calidad de vida y del lugar para el bienestar común, para la felicidad de la gente. Si en la sociología urbana se concibe que la ciudad origina la densidad en un orden de interdependencia entre sus actores, espacios, equipamiento, instituciones, esa densidad la ha facilitado la transformación tecnológica de los siglos XIX y XX. Esta es una razón por la cual esta obra sostiene que el concepto de *ciudad inteligente* no ha caído del cielo ni es extra-terrestre, sino que se inscribe y concibe en el desarrollo histórico constituido de múltiples cambios: un cambio ético, un cambio tecnológico,... De este modo, este capítulo habla de

---

[142] FIJALKOW, Y. Sociologíe des villes - | Cairn.info, www.cairn.info › sociologie-des-villes—9782707177056 Consultado, el 13/05/2020. ITIS, Villes intelligentes : un bref survol, 2012.

ciudades inteligentes desde la perspectiva de los dos cambios citados (1). A continuación, se demostrará igualmente cómo este nuevo paradigma de *ciudad inteligente* motiva un salto cualitativo y transicional en la sociología urbana. Llega como una respuesta pertinente y coherente a los numerosos desafíos de desigualdad y de pobreza de la post-guerra, y a las numerosas consecuencias de la mundialización neo-liberal. En efecto, las ciudades inteligentes son una invitación a seguir sosteniendo los cambios por una parte desde una perspectiva político – administrativa y por la otra desde un punto de vista socioeconómico, cultural y ecológico (2). En fin, el interés de apropiarse del concepto de ciudad inteligente y de re-dinamizar la sociología urbana radica en trabajar igualmente sobre una economía de espacios verdes en un contexto postmoderno de biodiversidad ecológica y de ética del medio ambiente. Para ello se debe promover en el plano arquitectónico, la densificación urbana, abandonando progresivamente a la neo-liberal expansión sin control (3).

I. LAS CIUDADES INTELIGENTES; DEL CAMBIO PARADIGMÁTICO A LA TRANSFORMACIÓN ÉTICA Y TECNOLÓGICA

Con el nuevo paradigma mencionado de ciudades inteligentes, la sociología urbana está experimentando una verdadera metamorfosis tomando otro giro en la historia de la ciencia y de la humanidad en general para cambiar totalmente de paradigma. Nos encontramos en una vuelta histórica que está siendo acentuada y facilitada por las tranformaciones ética y tecnológica citadas. La filosofía occidental de la postguerra se ha impuesto como una filosofía ética con Emmanuel Levinas[143]y la escuela francesa de filosofía. Esta filosofía ética gira alrededor de "la cara del otro". La cara del otro impone un imperativo categórico: "Tú no matarás, punto", mandamiento divino pero sobretodo mandamiento humano de una autorrealización hacia los demás, de una realización de los demás hacia uno mismo, de los demás como uno mismo, de los demás como co-creadores de la sociedad de humanos, de los demás como uno mismo como co-creadores de un futuro. La cara de los demás nos invita a cohabitar juntos de forma compatible al interior de una sociedad–mundo compuesta por seres vivientes como uno mismo.Sin la ética es difícil de cohabitar juntos de forma armónica. Sin la ética es difícil de cohabitar históricamente satisfechos con los demás, sin la ética es difícil de vislumbrar colectivamente el futuro para crear una nueva humanidad abierta a infinitas posibilidades.

Sin incorporar a nuestras vidas la ética, será difícil de amar a un Dios que jamás hemos visto al despreciar al prójimo que vemos todos los días. Así, será difícil de continuar nuestra búsqueda del bienestar, del vivir en la moral. Será igualmente difícil de entrever un mismo camino de humanidad que nos conduzca al infinito, a lo incondicional. Eate estudio piensa que en la postguerra la verdadera **revolución ha sido primera y fundamentalmente ética** como una condición para la posible construcción de una sociedad de humanos y por tanto de la realización de nuestra humanidad y de nuestro desarrollo conjuntamente con los demás dentro de una misma sociedad. Es entonces bajo esta perspectiva que aquí se habla de ciudades inteligentes insertas en la dinámica de la revolución ética, las cuales nos presentan serios

---

[143] Cf. LEVINAS, E., *Éthique et infini*, (diálogos de Emmanuel Levinas y Philippe Nemo) (Fayard), 1982 ; Idem, *L'Éthique comme philosophie première* (Rivages), 1998.

retos de este tipo como los representados por la desigualdad social. Si en la sociología urbana tradicional la cuestión de la desigualdad social no se trataba con la misma agudeza, en el concepto de una nueva configuración y sociología de ciudades inteligentes, el reto radica en tratarla bajo la perspectiva del espacio urbano. Para lograr esto, las ciudades inteligentes reducirán la desigualdad citada. Si lo que hay que hacer es de promover una cohabitación armónica y de construir sociedades integradas y cohesivas, se debe construir mucho más ciudades inteligentes que establezcan una igualdad social de condiciones.

Los habitantes de esa misma ciudad inteligente deberán compartir las mismas condiciones de existencia, de coexistencia y de interdependencia. Debemos salir de las antiguas configuraciones urbano-neo-liberales en donde la idea era de imponer jerarquías y clases en las estratificaciones sociales. Así, la revolución ética llegará a ser más importante y pertinente en el siglo XXI gracias a la evolución de la ciencia y la tecnología. Ya sea que se trate de las ciencias exactas, humanas, o sociales, la ética será más pertinente como centro de una perspectiva que aclare y guie datos de investigación que permitan que aquellas estén al servicio del bienestar humano y de toda la colectividad. Los retos de la ética en el campo de la ciencia exigen que sea el hombre el que conduzca las investigaciones para servir al hombre y a su dignidad.

Bajo esta perspectiva el hombre no será más utilizado como un objeto, como un instrumento, como un esclavo al servicio de la ciencia. Al contrario, son las conclusiones de la investigación científica las que deban estar al servicio del hombre. El humano deberá ser tratado como tal. En este orden, las ciudades inteligentes deberán ser construidas y erigidas para el hombre. Si la evolución científica pone de relieve la imperiosa necesidad de la ética, el mundo conocerá gradualmente de dicha evolución muchas revoluciones tecnológicas. Desde el siglo XX, hasta nuestros días **tres revoluciones tecnológicas que se han dado y estan dando** en Occidente, han modificado nuestra manera de pensar de actuar y de vivir nuestro cotidiano. **Una revolución industrial** que comenzando en el Reino Unido industrializó a toda Europa y al mundo. La industria transformó y continúa transformando nuestro vida mejorando su calidad en los ciudadanos. Sin embargo y a pesar de que la industria absolutamente mejora lo cotidiano de los hombres, colateralmente produce desechos tóxicos actualmente difíciles de manejar los cuales causan muchos problemas éticos al perjudicar a mucha gente.

La industrialización ha cambiado asimismo el funcionamiento social modificándolo al observar que nuevas clases sociales aparecen: los burgueses industriales y los obreros. Los burgueses son los propietarios de las fábricas y por tanto los patrones de los obreros. Ellos invierten el capital en la empresa deseando obtener el máximo de ganancias. Las fábricas entonces sirven para optimizar la producción, reduciendo los costos. Entre más se mecanicen las fábricas, más aumenta la productividad y las futuras ganancias; asimismo, entre menos aumente la necesidad de obreros, más grande son las ganancias citadas. Las máquinas son una ventaja mayor para las industrias dado que ellas no se cansan como los humanos. En ese contexto, el objetivo de los burgueses es entonces de producir más rápido y más barato para vender más. El capital constituye la fuente de riqueza de la urbanización en general[144]. Si los patronos de los obreros, los industriales apoyados en un sistema de explotación, de abuso, asi como de la más completa falta de respeto por la

---

[144] Biblioteca virtual L'industrialisation et ses conséquences ...www.alloprof.qc.ca › páginas, Consultado el 15/05/2020.

persona, se enriquecen de esa forma (como un frecuente resultado), los obreros hombres, mujeres y niños que trabajan en las fábricas se empobrecen. El desarrollo de la industria en Europa ha sido la base del crecimiento económico a pesar de las desigualdades y la pobreza creadas. La industria sostiene al movimiento de la creciente urbanización facilitada por el éxodo rural. La gente emigra de las zonas rurales para vivir y trabajar en la ciudad.

Después de la revolución industrial que sostuvo la creación de las grandes firmas consolidando con esto al sistema capitalista, nos encontramos ahora de la misma manera enmedio de **una transformación tecnológica de información y de comunicación TIC esta vez informática, una revolución del internet, de las redes, de la conectividad y de lo numérico** que aplicada a la planificación que nos compete pretende promover un nuevo urbanismo, un nuevo arreglo urbano configurandolo bajo principios sustentables, colectivos y de una participación igualitaria para beneficio común y sobretodo del planeta.

La dinámica humana siempre en evolución asimismo nos esta preparando para **otro tipo de transformación, la de la Inteligencia Artificial. (IA).** Todas estas revoluciones, no solamente van a facilitar la construcción y establecimiento de ciudades inteligentes sino que también tendrán necesidad de una ética principalmente en relación a la seguridad de sus habitantes en cuanto al manejo de sus vidas privadas. Así, las ciudades inteligentes utilizarán tecnologías para mejorar la calidad de vida de la gente, reducir la demanda energética y su impacto sobre el medio ambiente. Según los promotores del concepto *"Smart Cities"* las nuevas tecnologías de información y comunicación serán el corazón de la ciudad inteligente del mañana (Palangié, A, 2014). El desarrollo de esas nuevas tecnologías permitirá una mejor administración urbana gracias a la colecta y análisis de informaciones clave (como el funcionamiento de instalaciones para la producción de electricidad renovable, el estado en tiempo real de las redes de distribución pública, la supervisión del tráfico en autopistas, la medida de niveles de los contaminación, etc.), a través de un moderno sistema de utilización urbana y de infraestructura de conocimientos. En efecto, al asegurar el mejor manejo de la multiplicidad de informaciones ese manejo facilitará a las comunidades la toma de decisiones permitiendo así por una parte optimizar los servicios existentes y por la otra proporcionar nuevos servicios tales como un alumbrado público inteligente, vigilancia por video, administración del peaje público, estacionamiento inteligente, alerta civil contra desastres naturales (el alertamiento sismico de la Ciudad de México es una buena ilustración para el aso), administración inteligente de deshechos, etc.) (Palangié, A., 2014 b). Y similarmente, a los usuarios una reducción en el consumo de energía, en el del agua, un mejor tratamiento de desechos, una simplificación en los desplazamientos urbanos, un aumento en la seguridad, etc.)[145].

Para llegar a ser inteligentes las ciudades deben apoyarse en la tecnología para desarrollar nuevos servicias más perfeccionados que tengan un mejor desempeño como lo pueden ser el transporte en común: en vía férrea (tren, metro, thalys), automóvil inteligente, sistema aeronáutico más eficiente, ... todo en el marco de un sistema integrado más seguro, más ecológico y por lo tanto más accesible. El transporte solo no es suficiente, dado que se deberá también prestar atención al medio ambiente. Se deberá intentar que este último sea "sustentable". Estas ciudades asimismo deben adicionalmente

---

[145] La nouvelle révolution urbaine : Quand les Villes deviennent intelligentes ... www.challenge.ma › la-nouvelle-révolution-urbaine-quand-les-villes-...Consultado el 14/05/2020.

trabajar en dos áreas principales: 1. reducción de deshechos, esto es el desarrollo de alternativas que permitan reducir su producción así como la puesta en práctica de eficaces sistemas de recuperación y 2. la energía reforzando las acciones en materia también de eficiencia energética. Se impondrá asimismo la existencia de una urbanización responsable y de un hábitat inteligente. Hay que crear formas urbanas que a la vez que respetan una intimidad indispensable, aseguren un suficiente desarrollo que permita la evolución del hábitat así como el de la cohabitación". Los edificios deberán igualmente ser más inteligentes con objeto de mejorar el manejo de energía para reducir su consumo y mal uso. Se impone finalmente considerar el establecimiento de un ecosistema inteligente.

Ya sea que se trate del agua, de la energía, del transporte, de los deshechos, de las telecomunicaciones, un sistema urbano es antes que todo un sistema de redes como se indica. Los sistemas de información de esas redes estarán asimismo más y más interconectados. La ciudad tendrá así una infraestructura de dichas redes que este a la disposición y servicio de sus habitantes y de sus actividades.

Actualmente cuando se toca el asunto de las oportunidades numéricas, se habla de una ciudad que se convierta a sí misma en una plataforma[146]. En síntesis, por medio de un enfoque de sistemas, las ciudades inteligentes combinarán una gobernanza participativa y ciudadana con una clara administración de recursos de todo tipo incluyendo a los naturales con objeto de responder a las necesidades de las instituciones, de las empresas y de los ciudadanos.

---

[146] La ville intelligente : mirage ou innovations technologiques www.mbadmb.com › ville-intelligente-mirage-innovations-technologie...Consultado el 14/05/2020.

II. LAS CIUDADES INTELIGENTES Y SUSTENTABLES: APOYO PARA UNA TRANSFORMACIÓN GEOGRÁFICA, SOCIAL Y ECOLÓGICA

Con las ciudades inteligentes no se trata simplemente de la revolución ética y tecnológica discutida sino que antes bien ellas se ubiquen al centro de la plataforma mencionada. Otros sectores de la vida urbana: política, administrativa, etc., estan involucrados en términos de una **transformación geográfica, social, y ecológica.** En esta transformación, son la inteligencia y la eficiencia las que deben estar al centro de la planificación y del desarrollo del territorio urbano para ofrecer a los ciudadanos servicios de calidad y para la prosperidad de toda la sociedad.

"De la forma en que nosotros mejoremos al territorio, habrá consecuencias mismo sobre la salud de la población. Ya desde el siglo XIX el mejoramiento y la reorganización del medio urbano aportados por el movimiento higienista, había permitido de mitigar ciertos problemas de sobrepoblación, de calidad del aire, de salubridad del agua, que mejoró la salud de la gente en cuestión" (Freestone et Wheeler, 2015; Roué Le Gall *et al.*, 2014).

"La salud y el bienestar de una población no depende solamente de la oferta en el servicio de salud, sino mas bien de varios determinantes económicos, socioculturales, políticos y geográficos (físicos) entre otros. Las políticas y medidas relacionadas al mejoramiento del territorio y a las características medioambientales del contexto construido por ejemplo son parte de esas determinantes"[147].

En política la creación de ciudades inteligentes intentará entre otras, de promover una auténtica democracia participativa y ciudadana. Como se sabe

---

[147] BLOUIN C., ROBITAILLE F., LE BODO Y., DUMAS N., DE WALS P. et LAGUË J., Aménagement du territoire et politiques favorables à un mode de vie physiquement actif et à une saine alimentation au Québec Making Land-Use Planning More Favourable to a Physically Active Lifestyle and a Healthy Diet in Quebec, *Lien social et Politiques* Numéro 78, 2017, p. 19. Aménagement du territoire et politiques favorable... - Érudit www.erudit.org › revues › lsp › 2017-n78-lsp03015.

la democracia comparada a otros sistemas es la que menos desventajas presenta de todos los políticos disponibles. Tal parece que la democracia es en principio la forma más seductora de organizar al poder en una sociedad: el pueblo se gobierna a sí mismo o mediante representantes, cada uno siendo a la vez una entidad gobernada (por el pueblo) y gobernante (del pueblo) que aprende a considerar el interés general así como al individual[148]. El reto democrático en las ciudades inteligentes radicará en establecer sólidas instituciones políticas consagradas a apoyar la citada democracia participativa y ciudadana. No se trata solamente de crear instituciones de legitimación política para el sufragio universal sino de establecer instituciones de control para convertir nuestra democracia en algo más creíble para el interés de todos los ciudadanos. El Profesor Pierre Rosanvallon explícitamente argumenta:

"el pueblo es la fuente de todo poder democrático. Sin embargo, una elección no garantiza que el gobierno esté al servicio del interés general de ese pueblo, ni que permanezca ahí. El veredicto de unos no puede entonces ser el único criterio de la legitimidad. Los ciudadanos cada vez cobran una conciencia política más fuerte. Una anticipación derivada de la voluntad general se puede imponer ahí también. Así, a partir de ahí, un poder no puede ser considerado como plenamente democrático a menos que el mismo sea sometido a un control y validación a la vez concurrentes y complementarias de la expresión de la mayoría. Debe de alinearse a un triple imperativo de distanciarse de las posiciones partisanas y los intereses particulares (legitimidad parcial), de considerar las expresiones plurales pertenecientes al bien común (legitimidad por reflexión), y de reconocer a todas las singularidades (legitimidad por vecindad). En todo eso se encuentra el desarrollo de instituciones como autoridades independientes, los tribunales constitucionales, así como el advenimiento de un arte de gobernar siempre más atento a los individuos y situaciones particulares"[149].

Similarmente se deberá también promover acciones políticas permitiendo a todos los ciudadanos de participar en las decisiones para lograr un desarrollo urbano sustentable en servicios que mejoren las condiciones de vida de la

---

[148] HOLEINDRE J.-V. et RICHARD B., La démocratie immuable et changeante, *La Démocratie : Histoire, Théories, Pratiques*, Auxerre : Éditions Sciences humaines, 2010, p. 5.
[149] ROSANVALLON P., *La légitimité démocratique,. Impartialité, réflexivité, proximité*, Paris : Éditions du Seuil, 2010, p. 18.

población. Se tratará entonces de un poder político mejor controlado el cual servirá a los intereses de todos. No obstante todo esto, la élite ha sabido desarrollar – para ella misma – un sistema de democracia directa que ha influenciado a la historia del mismo pensamiento político[150] En ese orden, las democracias deben prestar atención al contexto histórico de cada país (como en los casos de los Estados Unidos Mexicanos, de la República Democrática del Congo por ejemplo) con objeto de comprender y responder apropiadamente a los numerosos desafíos a los cuales ellos se enfrentan. Una democracia bien controlada deberá ser transmitida de generación a generación.

Así si lo que se desea es que la democracia se convierta en una cultura popular y ciudadana, ella debe de pasar a través de la educación de la juventud. La democracia debe ser defendida como tal por los jóvenes para que sea sustentable y se afiance en la vida y mentalidad de los habitantes. A pesar de estas ideas, existen regímenes políticos que ideológicamente pueden ser manipulados y servir a los intereses de los ricos y pudientes tal como lo es la democracia liberal, la cual no es exactamente una panacea para todos los males. Este trabajo piensa que al lado de una democracia formal como se practica hoy, existe la posibilidad de establecer una más real democracia por lo que debemos de remontarnos a las prácticas de la antigua Grecia para encontrar el medio adecuado. No se pretende aquí decir que Atenas era un paraíso político. Al respecto no se debe jamás olvidar que los ciudadanos griegos practicaban la esclavitud a gran escala y que a las mujeres se les privaba de todo derecho político. Con las ciudades inteligentes habrá que

---

[150] DUPUIS-DÉRI F, Qu'est-ce que la démocratie? *Esthétiques et sociétés* Volume 5, numéro 1, automne 1994, p.90 Qu'est-ce que la démocratie? – Érudit www.erudit.org › revues › hphi › 1994-v5-n1-hphi3180

pensar y reflexionar sobre el asunto de una administración dinámica, jurídica y de calidad. El interés que las ciudades inteligentes ahí tienen es el de trabajar por una administración que sea transparente y ética al servicio de los ciudadanos, mejorando al proceso administrativo frente al retraso para procesar por ejemplo distintos documentos evitando la posible y asociada corrupción. Frecuentemente a lo que se ha llegado en los casos citados con antelación de los Estados Unidos Méxicanos y de la República Democrática del Congo es que la administración se convierte en algo pesado, opaco y sobretodo corrupto. En ese cuadro la incorporación de nuevos métodos es casi inexistente dado que lo que se impone es el favoritismo y a veces "tribalismo". Los empleos pasan de padres a hijos, de tíos a primos, de primos a sobrinas,… en muchas ocasiones.

Adicionalmente la creciente multiplicación de actores que intervienen en la gobernanza urbana se presenta como un freno al desarrollo de ciudades inteligentes. Con frecuencia esos actores ejercen una capacidad que se superpone y se cruza de muchas formas. Desempeñan un funcionamiento de tipo sectorial que obedece a tutelas verticales, lo que complica el trabajo de coordinación longitudinal.

En ese panorama el desarrollo de un proyecto de ciudad inteligente transversal requiere una integración estratégica y agrupación de infraestructuras entre los diferentes servicios, sea que se trate del manejo de la electricidad, deshechos, agua, saneamiento, salud, o transporte. No es posible lograr todo eso a menos que se llegue por medio de las TIC a agrupar la información de necesidades e interconexión de tales servicios para preparar adecuadas respuestas a las solicitudes de los diferentes usuarios. En ese contexto, el concepto de ciudad inteligente transforma a los modos clásicos de administración territorial. Es por ello que diferentes autores hablan del nuevo cambio urbano para diseñar ciudades que tengan éxito en el desarrollo de redes inteligentes para promover como ilustración una nueva economía de manejo de sistemas de transporte, energía, distribución de agua, etc., asegurando así un mejoramiento en la calidad de esos servicios[151]. Finalmente, la administración urbana por medio de las ciudades inteligentes se convertirá en integradora de numerosos actores así como de sistemas múltiples interdependientes que proporcionen una apropiada infraestructura a los ciudadanos. En el orden de las ciudades inteligentes, habrá que reflexionar sobre la forma de gobernanza con objeto de que esta sea reticular e instaure una verdadera cooperación entre los citados actores de la vida pública de organizaciones a nivel local, regional, nacional, internacional, - y privada. La constitución de una sociedad pública – privada permitirá dotar a las ciudades inteligentes de eficientes infraestructuras, de instituciones comunitarias y de servicios relacionados para contribuir al mejoramiento de una administración a la disposición de la gente.

De hecho, con las ciudades inteligentes el objetivo será entonces de establecer la citada gobernanza transversal que facilite la colaboración del cúmulo de servicios así como la de todos los actores que intervengan en dicha administración pública o privada para lograr que las ciudades sean más atractivas, más prósperas y más durables. Desde la perspectiva de los contextos social, cultural, geográfico y económico en ese tipo de asentamientos se deberá promover como se indica, la igualdad social por lo que habrá que sustituir en este caso a los sistemas económicos neo-liberales que imponen desigualdades en las configuraciones urbanas. Los sistemas

---

[151] La nouvelle révolution urbaine: Quand les Villes deviennent ...www.challenge.ma › la-nouvelle-révolution-urbaine-quand-les-villes, consulté le 14/05/2020.

económicos que mejor convendrán a las ciudades inteligentes, serán los que sean más solidarios e igualitarios, mucho más participativos y compartidos. Con las repetidas crisis que hemos conocido a través de la historia económica del mundo ligadas al capitalismo neo-liberal, es necesario pensar y reflexionar ahora sobre lo sistemas económicos post-capitalistas que abusen menos de los trabajadores dando vida así a los residentes de las nuevas ciudades que aquí se tocan. Actualmente, el sistema capitalista neo-liberal crea exageradas desigualdades sociales que adicionalmente son territorializadas.

En la mayoría de los países desarrollados se estima que la gente más rica constituye la minoría del total y posee minimo la mitad del patrimonio nacional lo cual es injusto e inaceptable. Los que quedan en manos de las sociedades capitalistas neo-liberales son sobretodo los desempleados, los inmigrantes, los trabajadores menos calificados, los jóvenes sin diploma y sin domicilio fijo que habitan en barrios bajos. Con las ciudades inteligentes se tendrán que considerar nuevas formas para distribuir más equitativamente la riqueza de la humanidad para que todo el mundo se beneficie. Las nuevas fórmulas económicas deberán trabajar no solamente por el desarrollo endógeno inclusivo de territorios locales, regionales, nacionales, sino también sobre un reparto más igual de riqueza que garantice una situación salarial, oportunidades e ingresos más justos para que los pobres y los menos pudientes accedan a los recursos de esa humanidad sosteniendo así los circuitos económicos a través de su consumo. Esa distribución debe favorecer a la participación para que tanto pobres como ricos igualmente consuman los bienes producidos. Económicamente hablando, con las ciudades inteligentes, nadie debe permanecer al margen de los circuitos mencionados. Todos los ciudadanos deben mantenerlos a nivel local, regional, nacional y mundial. De ahí se deberán sostener y apoyar las iniciativas de los residentes, comunidades y asociaciones que estimulen la misma economía.

"Las sociedades como las teorías, supuestamente liberales, al fin de cuentas ocultan un número importante de contradicciones. Para encontrar el origen, el presente y el futuro de esas contradicciones, se sugere olvidar por una parte a una historia muy optimista que tiende a omitirlas y por la otra a una cínica historia que las considera solamente como un flujo de contingencias. En ese marco finalmente se sugiere encontrar las secuencias al interior de las cuales se han desarrollado y frecuentemente luego retirado de la historia ciertas categorías de análisis. De tal forma, hay que remontarse en el tiempo para hallar el asombroso paralelismo de las categorías de interdependencia, complejidad y multi-causalidad al interior de las teorías liberales, neo-weberianas y post-estructuralistas que rehúsan reflexionar sobre los procesos históricos al seno de los cuales ellas han surgido"[152].

Las ciudades inteligentes deben también apoyar a una transformación ecológica. Muchas de las ciudades del mundo no son sustentables debido a un desprecio atroz del medio ambiente. Si todos los humanos participaran en el desarrollo y florecimiento de la vida, la naturaleza haría su contribución en el mejoramiento de su calidad de vida para lograr uno similar en la calidad de los lugares.

En una ciudad inteligente, la naturaleza debe aproximarse a los humanos y los humanos deben aproximarse a la naturaleza. La protección a la biodiversidad debe beneficiar en primera instancia al hombre así como a todos los seres vivos para su vida y supervivencia. Es así que gracias a la naturaleza el hombre puede respirar oxígeno y aire fresco imprescindible para su existencia y salud. Muchas ciudades en el mundo (Dehli, Pekin, México) están amenazadas por catástrofes naturales ya mencionados tales como la contaminación del aire, las erosiones, las inundaciones, las torrenciales lluvias y otras tempestades… Las ciudades inteligentes deben iniciar proyectos

---

[152] Le moment libéral et sa critique : pour un retour … – Érudit, www.erudit.org › revues › 2007-v38-n2-ei1777

ecológicos para reducir los gases tóxicos en la atmósfera para salvaguardar a la misma naturaleza y así proteger al bienestar del hombre y la sociedad. Los distintos gobiernos disponen ya de considerables medios para reducir las emisiones de gases invernadero por ejemplo. Algunas medidas de las cuales se escucha poco pero que pueden tener un alcance inmenso son:

1. *Favorecer la renovación y revisión de normas de construcción con objeto de que las edificaciones sean más eficientes sobre el plan energético.* Para el caso de un determinado país, la voluntad radica en que todas sus estados, provincias o territorios adopten un código de construcción modelo de menor consumo de energía de aquí mínimamente al año 2030 promoviendo en áreas de alto rendimiento urbano, una buena orientación solar y administración de agua. La optimización de energía al interior de las habitaciones forma parte de este modelo.

2. *Limitar la expansión urbana y densificar los sectores ya construidos.* La expansión urbana contribuye a la destrucción de los ecosistemas, pavimentando las zonas vegetales que son críticas en la producción y consumo de oxígeno y carbono.

3. *Reconstruir el sistema energético.* Habrá que invertir lo suficiente para diversificar la energía sea esta eólica, solar, hidroeléctrica, o biomasa, así como tratar de encontrar alternativas "a valor agregado" para los productos petroleros.

4. *Eliminar las "islas de calor".* Para contrarrestar este fenómeno, las ciudades pueden aumentar los espacios verdes a través de parques y jardines, plantar árboles a lo largo de calles y callejones y multiplicar las fuentes urbanas de agua. También pueden fomentar la instalación de techos blancos

que reflejen los rayos del sol como ya se indica. Asimismo, pueden favorecer la creación de techos verdes y muros vegetales que atenúen la necesidad de aire acondicionado, igualmente como se indica.

5. *Mejorar el manejo de desechos.* Las ciudades inteligentes deben garantizar una mejor clasificación y recolección de todas las materias orgánicas (e inorganicas) así como su adecuado tratamiento mediante la composta y biotransformación que en ese orden permitan producir eficientemente a partir de esa materia orgánica el biogás que sea susceptible de ser posteriormente utilizado como fuente de energía[153].

En una ciudad inteligente el desarrollo urbano debe otorgarle su ligar a la naturaleza, a las zonas agrícolas protegidas, a las fuentes de agua, a los senderos peatonales, a las ciclo-pistas, a los parques, a la vegetación,… para dotar mejor a nuestros centros urbanos y últimamente al hombre de ambientes más agradables y frescos. Hablar de una transformación ecológica es olvidar nuestra antigua relación con la naturaleza de destrucción y de mala administración. Esa transformación ecológica se concibe por lo tanto en un contexto de consideración por esa naturaleza con objeto de volverla más productiva y rentable para beneficio popular. Si hasta ese punto la ecología no era productiva, es tiempo de hacerla. Debe de convertirse en un sector productivo tal como el económico. Los actores de la sociedad civil, los ecologistas, los planificadores, los arquitectos, los economistas,… deben reunirse para reflexionar sobre el asunto de la ecología productiva capaz de generar ingresos al igual que cualquier otra actividad de producción, de distribución y de consumo. Es así que el futuro de la ecología se relaciona con

---

[153] Radio Canada. Cinq actions des pouvoirs publics pour réduire les GES ...ici.radio-canada.ca › nouvelle › actions-mesures-gouvernements-villes. Consultado el 15/05/2020.

la promoción de ciudades inteligentes para un desarrollo y planificación urbanos más eficientes.

III. *LAS CIUDADES INTELIGENTES: DE LA EXPANSIÓN URBANA A LA DENSIFICACIÓN URBANA.*

En sociología urbana las ciudades van a iniciar un real cambio en arquitectura creando una nueva configuración, la del siglo XXI. Esta última se apoyará en la re-densificación descartando al modelo neo-liberal de expansión. La citada contribuirá al equilibrio buscado: demografía y espacio territorial urbano para incrementar los beneficios para humanos y naturaleza. En este panorama se parte aquí de la convicción de que en 2050 tres cuartas partes de la población serán urbanas y que la humanidad alcanzará alrededor de los 9 mil millones de habitantes[154]. Bajo esa situación, el planeta tendrá dificultades para proseguir con el modelo neo-liberal de expansión La re-densificación propuesta se enfoca entonces en la construcción e incremento de vivienda y servicios de calidad en los centros de las ciudades. *¿En ese marco, uno puede preguntarse cuáles son las ventajas y desventajas de la citada expansión urbana yasimismo de la re-densificación para mejorar la sustentabilidad? ¿Porqué este estudio opta por rechazar una expansión de*

---

[154] "En el transcurso del siglo XX la población mundial sufrió una explosión demográfica al pasar de 1.65 mil millones en 1900 a alrededor de 6 mil millones en 2000. En ese orden, se espera que alcance mas o menos unos 9 mil millones en 2050. Una buena parte de ese espectacular crecimiento le corresponderá a las zonas urbanizadas. En 1900, solamente un 10% de dicha población vivía en ciudades. Ya para 2007, esa población pasaba del 50% previéndose que llegue a un 75% al citado 2050. El rápido aumento demográfico en países en vías de desarrollo a exacerbado a numerosos problemas y desafíos urbanos" Cf. GEHL J., *op. cit.*, p. 226.

ese tipo promoviendp una re-densificación urbana en su lugar? ¿Cuál es la zona gris que va más allá del modelo neo-liberal de expansión?

A). La Expansión urbana: ventajas y desventajas.

La expansión urbana es un concepto clásico en geografía, urbanismo y estudios medioambientales. La expresión parece un poco exagerada si consideramos a los numerosos debates de los años 1980 y 1990 pero esa realidad espacial es todavía válida sobretodo para los ejemplos de la RDC y de México. A pesar de todo, la peri-urbanización y la expansión urbana suscitan todavía un creciente interés en Francia así como en el conjunto de Europa (European Environment Agency – EEA, 2006; Couch et al., 2007) ya sea para respaldar o avalar al fenómeno (Vanier, 2011). No obstante, ese problema ha sido elevado a rango de problema mundial por la ONU en 2010 (UN, 2010) y por el Grupo Intergubernamental de Expertos sobre la Evolución del Clima (IPCC, 2014). La atención al paradigma de desarrollo sustentable pone ese debate a la orden del día debido a la mediación de movimientos como el del *"new urbanism"* ("nuevo urbanismo") o el de *"smart growth"* ("crecimiento inteligente")[155]

¿Cómo podremos definir a la expansión urbana?

El primer capítulo ha hecho énfasis en la definición de expansión urbana. Ete capítulo la retoma para subrayar lo complejo que resulta poder definir este concepto. Existen muchas definiciones de expansión urbana en los medios

---

[155] SIMARD M., Étalement urbain, empreinte écologique et ville durable. Y a-t-il une solution de rechange à la densification ? *Cahiers de géographie du Québec*, 58 (165), 331–352. https://doi.org/10.7202/1033008ar Cf. RITCHOT G., MERCIER G., et MASCOLO S., L'étalement urbain comme phénomène géographique : l'exemple de Québec. *Cahiers de géographie du Québec*, 1994, 38 (105), 261–300. https://doi.org/10.7202/022451ar, BURBAGE, F., *Philosophie du développement durable,* Paris, 2013.

universitarios, en las instituciones de gobierno, así como en las organizaciones no gubernamentales. De una manera sintética, se entiende aquí la expansión urbana como a la extensión horizontal desmesurada de ciudades y al sobreconsumo de los asociados recursos. Se trata de la multiplicación de espacios urbanos de baja densidad en el dominio tanto de lo residencial como de lo comercial e industrial. Expansión urbana es la traducción inglesa de "*urban sprawl*" cuyo uso inicial sucedió en el año de 1937 en Earle Draper por la Tennessee Valley Authority (Administración del Valle de Tennessee), (Black, 1996).

Según algunos autores, los primeros escritos del concepto se atribuyen a Buttenheim y Cornick, en 1938 o a William Whyte, en 1957. Asimismo, la expresión se introdujo a la lengua francesa a mediados de los años 1960. El enunciado inglés hace énfasis en la falta de planificación e integración de sectores residenciales periféricos, mientras que el concepto francés se enfoca sobre la noción de densidad (Ghorra-Gobin, 2004). De acuerdo a Barcelo y Trépanier (1999) la expansión urbana adopta tres configuraciones espaciales características: las franjas, sobretodo comerciales que se extienden a lo largo de vialidades principales, el desarrollo esporádico tipo "salto de oveja" y las vastas extensiones del suburbio mono-funcional de baja densidad casi exclusivamente conformado por casas unifamiliares[156].

En términos de posibles ventajas que el fenómeno de expansión citado pudiera presentar a continuación se enumeran algunas. Sobre el plano natural, el residente en cuestión se desenvuelve en un contexto rodeado de bosques y vegetación. La expansión le permite al residente y a su familia de vivir en un área suburbana como hábitat tipo. Sobre el plano demográfico, es

---

[156] SIMARD M, *art. cit.,* p. 334-335.

posible construir edificaciones que facilitan la cohabitación intergeneracional debido al surplus de espacio. Sobre el plano económico, la expansión favorece el acceso al crédito para que el residente tenga su propio inmueble y automóvil. En este sentido, el residente como propietario es capaz de disfrutar de su autonomía y libertad. Sobre el plano tecnológico, el propietario residente no solamente posee un automóvil para ir al trabajo sino también y encontrándose lejos del centro de la ciudad, puede recurrir eventuamente al teletrabajo.

Al lado de esas ventajas es pertienente mencionar también a las desventajas las cuales son más numerosas que las primeras. En lo social el asilamoento de personas que lógicamente s eproduce en áreas suburbanas incide mismo sobre la salud sicológica de ellas (los espacios públicos son más raros que en el centro de la ciudad). En cuanto a la salud, la citada expansión favorece el aumento de enfermedades cardiovasculares, de obesidad, así como el incremento de stress causado por los largos trrayectos centro – periferia asociados al automóvil. Desde el punto de vista económico, esa misma expansión infla los gastos del carburante relacionados con los desplazamientos indicados. Desde la perspectiva ambiental, la incontrolable expansión destruye el ecosistema y favorece la creación de gases tipo invernadero debido entre otros, a un mayor uso del automóvil indicado. Al utilizarlo, al igual que a otras máquinas, las personas incrementan la contaminación en lugar de combatirla y disminuirla. La expansión urbana se vuelve así en preocupante dado que causa importantes impactos al medio. Desde los ángulos social, económico y ambiental se constata que los nefastos efectos son considerables. En síntesis, muy significativos gastos involucrados a la adición de infraestructuras para servir a los ciudadanos que se instalan en la periferia, pérdida de tierras agrícolas en provecho de nuevos desarrollos residenciales, pérdida de bosques y áreas húmedas, aumento en las emisiones tóxicas relacionadas al transporte, deterioro de la calidad del aire, una mayor inactividad física y la reducción de contactos con el exterior,... son sólo algunas de las consecuencias. No obstante, la lista bien pudiera ser todavía más exhaustiva[157].

1. El espacio urbano como probable inductor de la segregación social.
El fenómeno de expansión igualmente ocupa un significativo espacio en esa lista dado que acentúa la segregación al interior de la configuración urbana aumentando las desigualdades sociales que motivan entonces un crecimeinto que la ciudad a veces no puede sostener. Este punto es uno de los más importantes a profundizar para comprender bien a los numerosos desafíos de la mencionada expansión. En el contexto de una urbanización, el espacio es el lugar en donde las interacciones humanas (sociales) se construyen, se reconstruyen y se destruyen cada día. En esa situación su importancia es pertinente para el buen desarrollo de la sociedad. De este hecho debe ser el blanco de parte de gobiernos y residentes para protegerlo y mantenerlo. Ejerce igualmente una gran influencia sobre la vida humana sea esa en relación a lo ético, o a lo no ético.

En ese contexto es siempre mejor y más aconsejable que el personal de los municipios, las asociaciones comunitarias y los empresarios trabajen juntos para mejorar y mantener ese espacio como público compartido por todos. Esto último asiste en mucho a administrar más convenientemente las diferencias espaciales de una ciudad. El espacio urbano existe gracias a las respuestas

---

[157] BRADETTE MÉLISSA, Les impacts de l'étalement urbain | Toit et moi | Le Quotidien,www.lequotidien.com › toit-et-moi › les-impacts – de - l'étalement-urbain. Consultado el 17/05/2020.

humanas frente al ambiente. Esa situación produce frecuentemente auténticas fracturas territoriales (y algunas veces comportamientos en la población) en una ciudad.

Esas fracturas empeoran a veces lo que motiva un aumento en actitudes contra la ética sobretodo contra la gente más desprotegida. Anteriormente se ha observado que muchos problemas urbanos no han estado bien resueltos a pesar de un conjunto de soluciones adoptadas. Estas últimas no se han verdaderamente centrado en la congruencia ambiente – persona para tomar en cuenta las necesidades subjetivas de los residentes en lugar de concentrarse en sus necesidades objetivas (utilitaristas) sin por tanto eliminar el riesgo de lo no ético (una administración con soluciones equivocadas). Esto impide que lo ético se imponga. En ese cuadro resulta más importante administrar bien lo no ético que trabaja en contra de toda iniciativa de desarrollo sustentable obstaculizando así una buena incorporación de lo social en la economía del medio urbano y del natural que rodea a la ciudad. Ese panorama, está también en contra de todo principio ético que bien puede apoyar el buen desarrollo de la población involucrada.

Todo el capital social, económico y ambiental de una ciudad se ve afectado con frecuencia de manera irreversible. La corrupción, la criminalidad entre otros, el abuso a la naturaleza, surgen como lógica consecuencia de lo no ético. Esta irresponsable actitud humana repercute sobre el planeta que se encuentra actualmente al límite de lo inconcebible. Ejemplos en todas partes nos ofrecen un panorama concreto del espacio urbano como probable conductor de la segregación social, condicionando de esta forma en cierta medida a la vida humana. Al respecto, esta obra se refiere una vez más a los casos de Kinshasa y de México, dos ciudades con una historia constituida por etapas similares en lo que toca a una cultura autóctona, una etapa pre-colonial, colonial, independiente y post-independiente con serios problemas urbanos (creación de ghettos llenos de pobreza, ignorancia, corrupción mala administración de recursos humanos y naturales, existencia de barrios bajos, de una exagerada y avanzada peri-urbanización, etc.).

En el contexto del urbanismo, tomemos como ejemplo el caso de los deslaves de tierra en Kinshasa (Ngoy, Kashimoto, 2006). Estos últimos han sido causados por la anárquica construcción de casas y de fosas sépticas sobre suelos arenosos sin una canalización apropiada de aguas. No obstante y según las autoridades municipales, la causa de eso ha sido la cólera de los ancestros protectores de la ciudad. Su solución en un momento dado fue la de suplicarle a esos ancestros, ofreciéndoles sacrificios, culto, oraciones y hasta ofrendas. Un asunto de morfología de suelos que lo puede explicar la geología, un problema que el urbanismo lo puede asimismo señalar en los planes de desarrollo de una ciudad, llega a ser en cierta medida un elemento representativo producto de una segregación social (ignorancia).

Un problema de respuesta humana al medio ambiente pasa a ser "un asunto de espíritus y ancestros". Alojados en barrios pobres y sumidos en la ignorancia, la mayor parte de los habitantes de la ciudad creen en eso y reaccionan en los ghettos según las circunstancias dictadas por el tradicional acondicionamiento histórico. Los problemas cotidianos no resueltos pueden alimentar bien actitudes no éticas. Estas crean frustración e insatisfacción popular. La recurrencia de situaciones de espacio no resueltas es por consecuencia compleja y frena el desarrollo urbano, especialmente el social. Kinshasa no se encuentra sola en ese sentido, dado que podemos igualmente encontrar problemas de espacios no éticos y de segregación social en México.

En México, muchas personas pobres (autóctonas) que trabajan en el sector informal de la economía, (trabajadores agrícolas, vendedores y cantantes callejeros, etc.), se mudan hacia las grandes ciudades para mejorar sus condiciones y calidad de vida. Sin una educación apropiada, ocupan los barrios bajos sin planificación, segregados y llenos de decadencia Colateralmente, las condiciones socioeconómicas sobre las cuales ellos viven los obligan a veces a caer en el crimen.

Las estrategias de supervivencia que adoptan no son éticas con objeto de enfrentar una situación difícil y crónica. Para intentar combatir lo mejor esas situaciones, el gobierno ha lanzado iniciativas de proyectos y construcción de nuevos espacios urbanos menos segregados y mucho más agradables. Como ilustración el proyecto del Parque Ecológico "Lago de Texcoco" (o PELT) en el noreste de la ciudad, es una de las recientes iniciativas que busca promover los espacios verdes en un medio urbano pero sobretodo fomentar lo social en los jóvenes mexicanos. Una vez que se realice, PELT llegará a ser el más grande parque urbano del mundo con más de 143 millones de metros cuadrados que albergará a muchos espacios públicos y proporcionará a la población la posibilidad de una motivación más ética de comportamiento (recreación, deporte, cultura, educación, etc.).

En este panorama, PELT hará una importante contribución al aumentar el estándar de vegetación urbana en México, que por el momento oscila por debajo de lo estipulado por los estándares internacionales de 9 m2 por residente urbano (Moncada, 2013). Es asimismo importante como ya se ha mencionado de administrar bien dicho aumento verde para evitar que los nuevos parques urbanos se transformen muy fácilmente en lugares de crimen y en sitios de consumo de droga, lo que apoyaría así no solamente a una segregación social, sino a una económica y geográfica que no sería nada conveniente para la ciudad misma (ghettos). A pesar de la iniciativa descrita sus resultados están todavía por verse en términos de una realidad concreta. Al respecto se puede argumentar que la contribución del espacio urbano al desarrollo ético de ciudades debe animarse respetando siempre el modo de vida que se promueve, a la idiosincrasia local, a la forma de pensar de los residentes, para lograr así una auténtica reducción de la segregación social. Esto condiciona de forma implícita respuestas de tipo ético que tienden a eliminar a la pobreza, motiven la inclusión y proporcionen un crecimiento armónico.

En ese sentido habrá que poner atención al porceso de producción y consumo sustentables así como al cambio climático del planeta. Es pertinente subrayar que una buena planificación del espacio urbano puede mismo transformar nuestros estilos de vida, para evitar de una forma más eficiente de continuar haciéndole daño a lo rural y de comprometerse en la producción de un un mejor futuro para las generaciones. No tenemos ningún derecho de destruir al medio ambiente urbano y sobretodo el natural. Su protección y cuidado es responsabilidad de todos. Sin un contexto urbano sano, nadie podrá vivir en armonía mismo con la naturaleza, la gente tendrá problemas para de una forma segura residir en la localidad ya sea actual o futura. Desde la perspectiva del contexto, los distintos distritos o colonias de las ciudades deben de estar bien supervisados a través del urbanismo, la arquitectura, la sociología, la antropología, la economía y el derecho. Cuando las condiciones del espacio en general no son pertinentes desde el punto de la ética, de la satisfacción, de la seguridad y del ambiente, surgen condiciones no éticas en términos de costos sociales, económicos y ambientales. En este orden, toda política debe respaldar aspectos de planificación que respeten como antes se indicó al modo de vida local, fomentando lo más posible la inclusión, la sustentabilidad ambiental, para así mejor ejercer su influencia sobre un espacio más ético (calidad de vida). La esperanza aquí es que la construcción futura de espacios urbanos llegue a ser un valioso instrumento para reducir la tan citada segregación social ("gated communities", "ghettos") de los residentes.

2. La segregación como discriminación. La segregación es un punto crucial que desafortunadamente está presente en muchas ciudades del mundo y en muchos sectores de la vida humana. El concepto de segregación está relacionado con el concepto no ético de la discriminación social y con el concepto ético de la diferenciación. Al respecto es posible señalar que existen distritos o colonias ricas, agradables y mejor dotadas de servicios que otras desde el punto de vista del urbanismo. Al distribuir servicios en los citados distritos los gobiernos municipales frecuentemente toman decisiones para adoptar políticas que no son justas. Los criterios para tal, no son los mismos. En ese contexto producto de la expansión urbana tratada ¿cuáles son los retos de tipo ético (a veces desde distritos muy agradables) vis-à-vis la atracción central (a veces desde distritos muy decadentes) en una ciudad? ¿Es que existe un sitio predeterminado en una ciudad para alojar exclusivamente a los ricos ("gated communities") o exclusivamente a los pobres y más desprotegidos ("ghettos") en Paris, Kinshasa, Montreal, Nueva York, o México? Para intentar responder a esas preguntas debemos hablar primeramente de la necesidad humana de diferenciarse del promedio. Todos los humanos tienen necesidad de diferenciarse un poco unos de otros para éticamente reforzar sus particulares identidades. Nacimos de tal suerte que aspectos económicos, políticos, culturales, ambientales, educativos, introducen una diferenciación en un grupo humano denominado la sociedad. Existen estudios en sicología, sociología, etc., que tratan y explican esta situación.

En el mundo real hay pruebas concretas que claramente revelan los auténticos fracasos que ha habido en intentar uniformar y reproducir lo idéntico para imponérselo al conjunto de la sociedad. La sociedad china de hoy rechazó contundentemente la idea de uniformarse, de vestirse de la misma manera, del mismo color como en la época de Mao Tse Tung. Los humanos en general se rebelan en contra de esas ideas, de lo idéntico. Asimismo, las economías de planificación central no han tenido éxito al luchar en contra de la naturaleza humana. Todo lo contrario, las economías de mercado libre han aprovechado bien esa naturaleza para crecer.

El problema en toda esa situación llega cuando en un medio urbano, la diferenciación llega al extremo con el propósito no ético de discriminar, de separar, de crear de una forma artificial distritos más agradables (ricos) que el promedio para así venderlos más caros aprovechándose de esa necesidad de diferenciación humana para causar segregación. Lo ético y no ético juegan aquí un papel muy importante. Siempre respetando a la identidad humana, a la necesidad de llegar a ser diferente, a la libertad de actuar y de elegir; la ética puede influir en la ciudad para mantener al menos un estándar mínimo aceptable de "uniformar" lo urbano en términos de servicios otorgados a todos los ciudadanos evitando al mismo tiempo las negativas consecuencias de la no ética urbana. El espacio urbano creado por los humanos puede contribuir en cierta medida a administrar la diversidad de respuestas humanas. Los lugares bien iluminados pueden por ejemplo contribuir a reforzar la seguridad de las personas que los sitios menos iluminados durante la noche. El municipio tiene la responsabilidad de reducir la distancia rico – pobre proporcionando ese nivel mínimo de servicios en la ciudad para garantizar el buen desarrollo de los residentes. Más allá de este nivel mínimo, el sector privado puede continuar con su objetivo capitalista de acumulación de ganancias en relación a los servicios que ofrece una vez que el promedio de la población obtenga la satisfacción garantizada a sus necesidades urbanas fundamentales. Cuando las necesidades de los residentes no son satisfechas, el espacio se degrada significativamente y lo sentimientos de frustración, impotencia, angustia, desesperanza, tristeza, surgen. Todos esos sentimientos descritos incrementan lo no ético, la criminalidad, reduciendo la ética y la calidad de vida de la población local.

La situación y los sentimientos de inferioridad ambiental tienen repercusiones muy poderosas sobre el desarrollo sustentable. Un tipo de crimen "sustentable" que se arraigue al seno de la ciudad ocupa el lugar del desarrollo citado. Colombia en donde el tráfico de droga ha esclavizado a generaciones de colombianos es un ejemplo elocuente. En ese panorama el espacio urbano de ciertas ciudades colombianas ha cambiado tanto hasta el punto de impedir prácticamente la libre circulación de personas dentro de los distritos respectivos. El temor ha impuesto su ley sobre la respuesta humana. En determinados ghettos resulta a veces muy peligroso e incluso difícil de caminar sobre la banqueta sin arriesgarse a terminar balaceado o secuestrado por los traficantes de droga.

Lo no ético ensombrece a todo principio ético de seguridad. Al respecto, los distintos gobiernos deben responder por medio de una planificación urbana que trabaje por espacios públicos más seguros sin distinción entre distritos de ricos ("gated communities"[158]) y pobres ("ghettos") como se indica. La seguridad debe garantizarse a todos los ciudadanos, ricos y pobres, de una forma equilibrada, sin preferencias, sin intereses particulares que favorezcan ciertas clases sociales (media, alta) de forma exclusiva.

En ese orden, la dotación de los servicios vendrá a reforzar la política de seguridad de las poblaciones locales. Todo el mundo sentirá la obligación de respetarse al acceder a los mismos servicios para de esta forma combatir la discriminación y todos los sentimientos negativos asociados. El espacio urbano inteligente debe garantizar un nivel aceptable de dignidad, de calidad de vida y finalmente de una buena respuesta humana al medio. De esta forma, los retos éticos de expansión urbana vis-à-vis atracción central deberán reducir la segregación social.

No puede existir en ese contexto sitios predeterminados en las grandes ciudades para alojar como ya se ha dicho solamente las clases más ricas en las mencionadas "gated communities" o bien a los pobres y desprotegidos en los "ghettos" citados. El gobierno tiene el poder político para manejar bien esa situación de desigualdad en su relación con el sector privado, por medio de políticas sociales que consideren a un conveniente equilibrio para todos. Desafortunadamente, alcanzar ese equilibrio urbano es todavía un desafío para la mayoría de las ciudades actuales. Otra vez los ejemplos de Kinshasa y México, deben aprovechar las políticas para satisfacer mejor las necesidades si es posible de toda la población. Sin el enfoque social, los espacios de segregación y de expansión urbana continuarán existiendo con fuertes consecuencias sobre el tipo de respuesta popular, la cual puede fomentar

---

[158] « Gated communities » o comunidades amuralladas (cerradas), en donde el acceso para entrar/salir está controlado por grandes puertas bajo vigilancia.

actitudes no éticas dejando de lado a todo principio ético de desarrollo sustentable, inteligente y digital en los medios urbanos de nuestra época.

3. Una nueva configuración urbana: más allá de la ética y la no ética. El objetivo de esta obra es el de mostrar **a través de un estudio de caso que probabilidad de adopción digital existe en la población escogida para mejor comprender que el incremento de urbanización corolario de la vida humana puede entre otros conducir a una profunda situación no ética en términos de segregación así como a un crecimiento fuera del enfoque social del desarrollo sustentable.** Esta segregación puede a su vez condicionar las respuestas humanas al ambiente construido de forma no ética dependiendo de cada caso en particular. A nivel mundial, ese incremento de urbanización se ha acelerado entre otros por la confusa construcción de ciudades sin algunas veces ni siquiera considerar al control catastral ni respetar a la biodiversidad ecológica.

En el contexto de este crecimiento urbano, las ciudades se construyen de otra forma en el espíritu arquitectónico de una expansión sin planificación y racional administración de espacios que no toma en cuenta a la ecología. Basta con solo observar a algunas de las ciudades antiguas, como lo es México nuestro estudio de caso. En esa ciudad, la expansión ocupa espacios sin ninguna adecuada administración ya sea urbana y/o ecológica lo que acarrea consecuencias negativas sobre la seguridad, calidad de vida entre otras, de las poblaciones. Al centro de la extendida ciudad se desarrollan muy claramente zonas de prostitución y delincuencia, gangsterismo y drogas, robos a mano armada, sí como la citada segregación,… En el siglo XXI, una nueva configuración urbana deberá ser diferente a la conocida y apoyarse sobre un nuevo concepto de espacio urbano que favorezca un más eficiente intercambio socioeconómico y ambiental para reducir las acciones negativas utilizando para tal efecto a un mejor proceso de planificación y administración urbanas que logren una más apropiada densificación vertical de espacios urbanos y sobretodo que sea ética.

4, Un enfoque social. En ese espíritu, los responsables de planificación no privilegiarán al poder del dinero en términos de los intereses creados respondiendo al perfil de un pequeño número de personas a costa de los daños experimentados por un gran número de personas en un entorno urbano (población, ciudad) y ambiental (naturaleza). Al contrario, esos mismos responsables le pondrán atención al elemento más importante en el proceso mencionado: el residente de la ciudad. Un nuevo enfoque debe comenzar por conocer bien y profundizar sobre las principales características subjetivas y objetivas de los que viven en la ciudad en función de sus necesidades, deseos, hábitos y costumbres, realidades socio-económico-políticas, aspiraciones, pensamientos, actividades, capacidades financieras, estilos de vida, clase social. Esta construcción será posible por medio de sondeos públicos que capten sus opiniones, los cuales serán administrados a travéz de las agencias ahí involucradas.

Toda esa información integrará una plataforma útil de datos sobre la cual mejor orientar las diferentes políticas, programas y acciones que convengan a gobiernos y promotores inmobiliarios con objeto de evitar la contribución no ética garantizando en su lugar un buen desarrollo local con una calidad de vida (CDV) apropiada para los residentes. Resulta muy imperativo que los responsables de la planificación de ciudades trabajen sobre lo social, sobre el más conveniente desarrollo de nuestras ciudades sin olvidar a la naturaleza de nuestro planeta por el interés común. Ese enfoque no será solamente responsable sino sobretodo ético en relación a nosotros mismos, a nuestra sociedad, a la humanidad completa dado que todos somos responsables unos con otros, responsables de los responsables del futuro de nuestra Tierra.

Hay que reconocer y aceptar de que siempre existen límites para todo comprendidas ahí las ganancias económicas. Conciliar el intercambio de los intereses sociales, económicos y ambientales representa una solución viable al interior de la sociedad. De esa manera el nuevo enfoque sobre el cual se habla deberá establecer mejor un delicado equilibrio de intereses basado sobre intervenciones justas. El enfoque social urbano podrá así ser aplicado a muchas ciudades. No se trata entonces tanto de resolver los problemas de la gente ocasionados por situaciones negativas en las grandes ciudades; se trata mas bien de incorporar una disciplina urbana para el beneficio de la población así como el garantizar un adecuado desarrollo en todas estas grandes ciudades.

Las estimaciones de crecimiento sin control ocasionarán que en el caso de la citada Ciudad de Kinshasa, ésta alcanze los 20 millones de residentes en el 2030 (19, 996,000) casi al nivel de la Ciudad de México la cual tendrá alrededor de 23 millones (23,865,000) para el mismo año (United Nations, 2014). Esas estimaciones que ya han comenzado a causar un gran impacto en la actualidad sobre la forma de urbanización de una ellas, Hoornweg y Pope del Global Cities Institute (2014) nos indican igualmente en ese contexto que para el año 2075 Kinshasa será la ciudad más grande del mundo albergando a 58,424,142 habitantes. En ese orden, todavía tenemos tiempo para reaccionar. Después ya será demasiado tarde y muy costoso el reparar el daño hecho a la población (sobretodo a las de las nuevas generaciones) y al medio ambiente natural con la resultante descontrolada expansión. En función de ese análisis es posible concluir que el nuevo enfoque social del urbanismo que aquí se promueve, deberá tomar en cuenta a los siguientes factores principales:

a. Una buena planificación. La construcción de ciudades considerará las necesidades de los residentes y sus deseos como se mencionó con el propósito de permitirles un conveniente progreso en términos de un mejor y más equilibrado desarrollo humano y ambiental. Por una parte, los ciudadanos de una zona urbana tendrán sin duda necesidades más difíciles de satisfacer que sin embargo deberán de tenerse en cuenta durante el proceso de urbanización:a travéz de una vivienda de calidad para llegar a una cohabitación más saludable en términos de agua, aire, sol, vegetación. Todas esas necesidades deberán integrarse en la construcción de zonas urbanas para bien contribuir al mejoramiento de la CDV de la población en un entorno verde. Por otra parte, la urbanización debe asimismo considerar a los deseos de los ciudadanos como lo es por ejemplo la proximidad de escuelas, centros comerciales, empleo, seguridad, transporte, parques, sitios recreativos, etc., bajo un modelo más compacto. En breve, una buena planificación ayudará a la población a luchar contra situaciones muy negativas con daños significantes ya sea que se trate de alguna otra gran urbe a las descritas.

b. Crecimiento vs contracción. De la expansión urbana a al densificación urbana. Ciudades como Kinshasa y México se encuentran cada vez más extendidas y ocupan cada vez más espacios construidos que muy bien pudieran utilizarse para aumentar los parques, los sitios recreativos y porque no también los lugares para fines agrícolas. A pesar de dicho fenómeno de extensión, siempre hay la posibilidad de trabajar sobre una optimización, revitalización y reutilización de espacios no densificados. La densificación urbana respetará entonces la planificación considerando en ello a la salud física y mental de la población permitiendo la cohabitación en armonía social bajo un marco de intercambio. Es así que existirán ciudades más seguras debido a dicha cohabotación armónica.

Como consecuencia en los ejemplos de Kinshasa y de México que se han tomado, estas mismas se convertirán en más inclusivas en el marco de un patrón inteligente y digital. En ese contexto, se espera que la contracción propuesta en términos de una mayor proximidad reduzca coltateralmente el crímen, volviéndose las ciudades del siglo XXI más habitables que las de los siglos XIX y XX.

c. La nueva configuración urbana incorporará bien evidentemente a la ética. En esa nueva configuración urbana, la ética aportará adicionalmente:

- una mejor respuesta humana. Si unos y otros aceptan convivir juntos en el marco de una formal densificación urbana, se piensa que eso sería una garantía de seguridad y de motivación para vivir en la misma ciudad. Todos los servicios estarían así cerca conectados lo que reduciría el gasto inútil en tiempo, energía, agua, en dinero.

- el desarrollo del vivir juntos de una forma armónica y cohesiva como una solución a situaciones urbanas que no son positivas asimismo aportaría a los humanos una mejor calidad de vida y una aproximación del hombre con la naturaleza a través de los citados espacios verdes, parques recreativos ecológicos entre otras posibilidades. En síntesis, una densificación central de tipo vertical producto de una apropiada planificación contribuiría a una mejor distribución humana que protegería la ecología y que lograría un desarrollo urbano que mejor se sustente. Debemos modernizar a nuestras viejas ciudades para pensar en ciudades más modernas y actualizadas al nuevo desarrollo por

medio de una nueva calidad de vida de la población. No obstante, al adoptar el modelo de densificación central se tendrá que poner igualmente atención a la forma en la cual nosotros lo adoptemos para evitar lo más posible los negativos efectos que tal acción conlleva tales como una excesiva intensificación del tráfico local, la competencia cada vez más fuerte de espacio público para circular, para caminar, etc., la expulsión de los pobres como una consecuencia de la gentrificación en el sitio entre otras (Holman et al, 2014; AFNOR, 2012). La adopción de modelos de densificación central debe estar completa y hecha a la medida para cada caso (esto es, la planificación de un modelo que tome en consideración el caso particular que estemos tratando). No se trata de diseñar un modelo de densificación universal que se aplique a todo el mundo como ya se ha recomendado dado que las estrategias de adopción son siempre diferentes y sin evaluarlas de una forma apropiada bien pueden ocasionar más daños que beneficios.

De forma complementaria se recuerda que el respeto al modo de vida de los habitantes es crítico y asimismo muy fundamental. Los planificadores implicados en el proceso no deben imponer sus ideas a los residentes de cierto distrito por la sencilla y muy simple razón de que ellos no han vivido ahí. Ellos al contrario deben en primer lugar comprender la cultura local para trabajar bien con ella. El nivel de aceptación por parte de los usuarios (los residentes) de esa planificación basada en esquemas digitales TIC dependerá también en gran medida del respeto y de la comprensión del actuar local. Esta nueva filosofía urbana anunciará así a las ciudades del siglo XXI en donde la vida será netamente la de una de interdependencia.

En el marco de esta investigación, de las contribuciones más importantes que el presente trabajo pueda aportar destacan la de poner atención al espacio urbano como eventual conductor de la segregación social especialmente en el de las grandes ciudades extendidas. Esa situación puede motivar respuestas humanas muy dañinas tales como el abandono, soledad, depresión, tristeza, frustración, aburrimiento, angustia, suicidio, como se indica, que desemboquen en un conjunto de acciones mucho más fuertes como el robo, violación, secuestro, asesinato, etc. Una planificación apropiada y centrada sobre el hombre mas que sobre las ganancias económicas podrá ayudar a entender a la ciudad del siglo XXI que se enfoque en lo social y medio ambiente a través de convenientes intercambios socioeconómicos y ambientales para así alcanzar el equilibrio de todos los intereses ahí involucrados.

En ese sentido un componente sin duda alguna que será importante y esencial para el éxito, es la forma sobre la cual los gobiernos deban dirigir a un pueblo; esa forma deberá eliminar lo más posible lo no ético representado por ejemplo por la corrupción a todos los niveles generada por la ineficiencia en el trabajo que se ocupa solamente de la búsqueda de luna riqueza personal a todo precio. En este marco, la evaluación del desempeño realizado por agencias independientes a los distintos niveles de gobierno puede ser útil en términos asimismo de contribución. En ese contexto, habrá adicionalmente que encontrar un equilibrio óptimo tipo input – output de producción. El conocimiento de la existencia de esta evaluación puede motivar la ética de la eficiencia en el gobierno, reduciendo a la endémica corrupción. Así en este panorama se podrá imponer un código que prevea graves consecuencias para los infractores (pérdida del empleo, de la libertad, etc.). Toda la comunidad se beneficiaría de tal ordenamiento de administración más transparente. Finalmente, deberá acordarse de que una buena administración de recursos es la clave de un buen desarrollo urbano (más más optimizado, menos extendido) (Fontan, J_M, 2012).

Para sintetizar, con el fenómeno de expansión en términos urbanísticos la ciudad estalla y nunca llega a convertirse en un medio habitable para favorecer la sociabilidad y el intercambio (Tribillon, 2019). Asimismo, la expansión y la complejidad de la expansión producen una pérdida del sentido, razón de ser y legibilidad de la ciudad, en otras palabras, el *"placelessness"* de Relph (2022). Finalmente, estan los probables impactos sobre la salud de todos que la citada expansión ocasiona en obesidad, problemas respiratorios, etc. como ya se ha dicho (Jackson y Kochtitsky, 2001; Reyburn, 2010). Los detractores del fenómeno descrito presentan sin embargo numerosas objeciones que este estudio similarmente critica, al argumentar que la ciudad es similarmente un hábitat "cortado de la naturaleza" al que se le puede calificar como no sustentable (Berque, 2002, y 2010) e incluso depredador (Lussault, 2013)[159].

B). de la expansión urbana a la densificación urbana.

Más allá de una expansión que resulta en gastos inauditos de urbanización los cuales destruyen al planeta, se encuentra la necesidad de promover una densificación (re-densificación), esto es, de incrementar la densidad residencial con el propósito de lograr que una ciudad reduzca su crecimeinto horizontal por el vertical. *¿Qué entendemos por densificación urbana?* La densificación urbana puede también quedar definida como una de las estrategias de planificación que intenta frenar el desperdicio de tierras, reducir la contaminación mediante la intensificación del contexto construido, todo eso

---

[159] Lussault, 2013, *Ibidem*, p. 337.

incrementando la población en el centro de las ciudades. Esta densificación se lleva a cabo de tres formas: reutilizando anteriores construcciones dedicadas a la manufactura, aumentando la vivienda en sectores con fuerte vocación sedentaria o incluso en la reconversión de sitios baldíos para aprovechar esos espacios y en los sub-utilizados a veces que se sitúan en el centro de la ciudad. Desafortunadamente con frecuencia, el énfasis de densificación se pone en la construcción de condominios de lujo dedicados a jóvenes profesionales, parejas y jubilados (Benali, 2013)[160] lo que ocasiona otra serie de problemas como el ya tratado de la segregación social. De acuerdo a esta definición, la densificación debería ofrecerle en los casos de las ilustraciones escogidas, muchas ventajas tanto a la RDC como a los EUM. En primer lugar, definiría mejor al espacio territorial al claramente reafirmar las diferencias de lo social, de lo construido, del medio natural, de lo agrícola. Gracias a las acciones de densificación es posible conservar tierras cultivables, promover incluso una agricultura urbana, cohabitando así con la circundante naturaleza y biodiversidad ecológica. A continuación, colaboraría al reducir la contaminación en los centros urbanos metropolitanos para mejorar la salud y bienestar de la gente como ya se ha indicado. En suma la densificación ayudaría a evitar la pérdida de recursos y administrar más adecuadamente el espacio. Al crear densidad, la ciudad crea interdependencia.

Esa es la ventaja en revitalizar los centros de ellas mediante la construcción de más vivienda garantizándole una mayor tranquilidad tanto a la gente que circula como peatones, etc., como a los locales en general que viven en dicho centro con objeto de mantener en esa centralidad el buen funcionamiento de

---

[160] BENALI K., La densification urbaine dans le quartier Vanier : germe d'un renouveau urbain ou menace pour le dernier îlot francophone de la capitale canadienne ? *Cahiers de géographie du Québec*, 2013, 57 (160), p. 42-43. https://doi.org/10.7202/1017804ar, Consultado el 17/05/2020.

todos los actores, espacios, equipamiento e instituciones. En ese cuadro la centralidad del mercado regula los intercambios comerciales, los del poder, el control de reglas de coexistencia, el laboral que organiza la división del trabajo, el de los espacios de cultura, de deporte, y de recreación, el tiempo libre de los ciudadanos, el de los numerosos servicios ofrecidos por la ciudad en términos de la necesaria infraestructura[161]. La densidad urbana presenta muchas ventajas de creatividad y de innovación que llegan a ser la base de la producción, de la riqueza, y de un sustancial incremento de calidad de vida. En efecto. la densidad puede tomar diversas formas en función de las condiciones locales particulares. Es posible distribuirla en cuatro categorías:

Edificación intercalada que implica la construcción sobre pequeños lotes vacíos o sub-utilizados al interior de zonas residenciales existentes que disponen de servicios. Esos espacios libres en el tejido urbano (por ejemplo, un estacionamiento, el área trasera de una iglesia, etc.) le sirven a toda construcción residencial; *reacondicionamiento,* el cual involucra un cambio en el uso del suelo de un terreno urbano existente (por ejemplo, los terrenos industriales, comerciales, o contaminados vacíos) para de ahí proceder con un desarrollo de uso mixto o bien de construcción habitacional; esta categoría puede asimismo comprender a la trasnformación de zonas residenciales de baja densidad a zonas de alta densidad. Como una ilustración se menciona el caso de inmuebles unifamiliares que son sustituidos por inmuebles de altura media; Aquí el reacondicionamiento se realiza a una mayor escala que en el caso de la edificación intercalada y acarrea frecuentemente importantes cambios a las infraestructuras existentes.

---

[161] Cf. BERGER M., Sociologie de la ville (2014) - Cours n°1 - De l'École de Chicago à l'École de Los Angeles - I. Naissance de l'écologie urbaine, *Urban Studies, Urban Sociology, Sociologie Urbaine*, 49p.

Conversión, que trata con la renovación de inmuebles existentes no residenciales (como los industriales, comerciales, o institucionales) para habilitarlos como residenciales, tales como los que se encuentran en antiguas bodegas, fábricas, o escuelas; finalmente *adiciones* que implican la construcción de unidades residenciales a edificaciones existentes (con o sin agrandamiento de estos últimos), incluyendo apartamentos extras a una casa individual, la subdivisión de una casa individual en apartamentos, o el anexar unidades residenciales encima de comercios existentes sobre una vía principal"[162]. En ese panorama implicitamente surgen las siguientes preguntas esenciales, las cuales se deben considerar al redensificar: ¿de qué manera podemos densificar una ciudad sin causar congestionamiento vial?, ¿cómo compatibilizar densificación del hábitat con bienestar?, ¿cómo desarrollar actividades industriales garantizando al mismo tiempo una calidad de vida aceptable?[163]

C). Una zona gris reciclada que va más allá del modelo neo-liberal de expansión.

Entre expansión urbana y densificación se concibe una zona gris producto del color del concreto utilizado en su construcción bajo el esquema de ciudad inteligente tanto en la RDC en los EUM (México) así como en otros países de nuestras planeta. En ese panorama, para evitar de extender más el gris en nuestras ciudades se crearían ciudades densas de más fácil administración, se construirían más servicios en el centro para los ciudadanos tales como: parques, juegos de agua, espacios peatonales, ciclo-pistas, piscinas, espacios

---

[162] Études de cas sur la densification résidentielle - Bibliothèque ...biblio.uqar.ca › archives. Consultado el 17/05/2020.

[163] Cf. Cité idéales et villes intelligentes [Chroniques du désert] lundi.am › Cite-idéales-et-villes-intelligentes. Consultado el 17/05/2020.

deportivos, lugares para la difusión de la cultura (teatros, cines, anfiteatros, café-internet, opera, etc.), bibliotecas, librerías, espacios agrícolas,… Adicionalmente se añadirían nuevos inmuebles residenciales, ya sean en el centro o en el peri-centro. Se construirían asimismo centros comerciales en estos sitios, etc., todo esto para garaqntizar a los trabajadores de menor ingreso el acceso a zonas equilibradamente dotadas, y de calidad.

La esencia misma de la vida radica entre otros en el intercambio, sea este el comercial, el laboral, el cultural, el del saber; es la abundancia de intercambios lo que hace a una ciudad estimulante.

Una densidad mono-funcional no es una solución viable ya que no hace mas que agravar los problemas sin aprovechar las ventajas que no sean las de una ganancia desmedida a corto plazo. Hay que yuxtaponer las distintas actividades y entremezclarlas con cuidado para que la noción de intercambio se conjugue con las de accesibilidad y calidad de vida. Esa yuxtaposición se puede traducir de muchas maneras tales como la formal, la funcional, la cultural, la económica, o bien la social, para que los intercambios se produzcan tanto entre los grupos y clases como entre esas respectivas actividades.

El objetivo es el de diluir las fronteras que se han creado insidiosamente cuando se establecen densidades mono-funcionales en volúmenes desproporcionados en relación al contexto construido.

Paradójicamente se crean también fronteras cuando se delimita un terreno con el pretendido propósito de la identidad, ya sea eso de manera física, simbólica, o económica. Sobretodo se crean fronteras cuando la ciudad no le permite a todos sean universitarios o no, de acceder a un empleo apropiado y a una vivienda accesible de calidad[164]. En conclusión, lo que se desprende de esta teoría en una sociología urbana más revolucionaria es de trabajar por un futuro mucho más inteligente en el marco del desarrollo y de la planificación. Más allá de la excesiva expansión de las grandes ciudades, una planificación inteligente pasa por la promoción de la densificación pluri-funcionale. Los beneficios sociales y económicos de una exitosa densificación son enormes: una mejor interacción de personas, de calidad en el medio de vida, rentabilización del equipamiento y de la infraestructura, economía de recursos naturales, respeto al medio ambiente, positivos impactos de cambio climático, proximidad de servicios, más sanos hábitos cotidianos, mejoramiento en la salud de la población, favorecimiento de la dinámica y vitalidad económica a nivel local, frenar la expansión urbana para para así preservar al medio natural y a los terrenos agrícolas…. Es entonces que en función de todo esto, retomamos nuestra pregunta heurística de partida en los siguientes términos:

¿Qué tipo de ciudad nos gustaría tener en el siglo XXI? Por una parte lo que nos gustaría mantener serían ciudades importantes (Kinshasa y México) que reconocieran sus límites a la hora de trazar nuevos planes para rutas de transporte, para suministro y distribución de agua, para energía eléctrica, para un buen reciclaje de basura, etc., en suma para una racional administración con la importante asistencia TIC de los recursos urbanos. No obstante, la RDC y los EUM que tienen ciudades con una deficiente planificación aspiran no obstante a ser en 2050 ciudades inteligentes más densificadas con objeto de equilibrar su demografía y geografía, invirtiendo en los rubros ya mencionados de transporte, agua y energía eléctrica, educación, salud, producción de desechos y reciclaje industrial, reducción de

---

[164] Ordre des architectes du Québec, Villes denses, lieux d'échanges, Hiver 2019-2020 | Vol. 30 no 4 | Éditorial

congestionamientos viales, combate al crimen urbano y el contrabando, mejoramiento catastral, en otras palabras, invertir mucho más inteligentemente en la economía y en la administración urbana.

Es por lo tanto que es altamente conveniente tener, desarrollar y construir ciudades inteligentes más seguras y ecológicas. Los ejemplos de la RDC y los EUM deberían enfrentarse a los riegos y desafíos relacionados con la seguridad urbana, con la salud de sus poblaciones en un contexto menos anómico, no ético, sino más bien más cohesivo e inclusivo. Esas ciudades que proclaman una armoniosa vida en conjunto deben incrementar a la urbanidad la calidad de vida y del lugar de los residentes ecológicamente. Tal planificación, ambiciosa que los respectivos gobiernos sean más responsables con sus ciudadanos y que la economía esté bien administrada al servicio del bienestar de la gente. Las ciudades inteligentes le exigen a los especialistas políticos, ecologistas, economistas, planificadores, arquitectos, etc., que colaboren en las tareas del desarrollo y de la misma planificación para crear una nueva configuración urbana más inteligente y sustentable con la invaluable assitencia digital.

IV. ÚLTIMAS REFLEXIONES: UN ESTUDIO DE CASO. MÉXICO COMO CIUDAD EXTENDIDA

Las ciudades son el lugar en donde la mayoría de nosotros vive, experimenta diversas interacciones sociedad – naturaleza y exige en el marco de esa nueva configuración y ética, un apropiado mantenimiento en términos de revitalización y calidad de vida del contexto así como una mejor compatibilidad entre la economía y el medio natural. Esa exigencia no se refiere solamente a la compatibilidad mencionada sino a una mejor integración de acciones sin extender de forma excesiva al tejido urbano. La revitalización así como la necesidad que de ello se desprende mantiene una estrecha relación con el fenómeno mundial del explosivo crecimiento de esos tejidos urbanos.

Como referencia esta obra considera las estimaciones de la Naciones Unidas al año 2000 las cuales indican que el 50% del planeta era ya urbano a ese umbral. Esa situación le ha impuesto una importante presión en particular a la calidad de vida de las personas que habitan los centros urbanos. Esa presión es producto de un significativo despoblamiento en las zonas centrales de esos centros, animando en ese sentido la extensión de las periferias principalmente a las de las grandes ciudades mundiales como la citada de México.

El mejoramiento del contexto urbano sobretodo del central junto con su calidad de vida es un tema que hay que manejar con cuidado dado que por un lado existe un riesgo de fracaso por exceso de éxito (las zonas centrales que resultan con una calidad de vida más aceptable alcanzan rápidamente su saturación demográfica, situación que perjudica aún más al centro de la ciudad) como se ha afirmado con antelación y por el otro lado colateralmente a tales acciones se producen procesos de desplazamiento demográfico de gente de escasos recursos que similarmente afectan mucho al centro. Esto causa una significativa pobreza urbana y expansión periférica.

Para dotar de actividades más apropiadas a la nueva intensificación en la zona central es preciso lograr un equilibrio entre las iniciativas de mejoramiento urbano en cuestión y los niveles deseados de atracción. Esto pudiera llegar a ser una realidad al conservar los atributos positivos en los sitios originales y externalizar al mismo tiempo los asociados costos no solo al municipio sino también a los posibles usuarios gentrificadores de clase media, media alta que disponen de recursos económicos suficientes.

Bajo esta perspectiva, es imperativo aprender a generar un medio urbano más equilibrado e integrado como se dice, menos segregado y extendido a travéz de la construcción de más eficientes comunidades. La manera en que se realize ese desarrollo determinará el nivel del éxito frente a un desafío representado por la demanda de una mejor calidad de vida para nuestras extendidas y enormes megalópolis de hoy en día.

Los establecimientos humanos tienen cada vez más necesidad de ciudades "a escala humana" a través de mejores relaciones socioeconómicas y ambientales. Esta situación implica sin embargo la reorganización por ejemplo del sistema de transporte (reduciendo la excesiva dependencia que tenemos todavía del automóvil) así como de una más eficiente transmisión al público de la nueva cultura urbana en el marco de la optimización del espacio que tenemos y que habremos desarrollado con la asistencia de mejores estándares de revitalización y calidad de vida De no contar con dichos estándares, el nivel urbano se verá más afectado en un futuro próximo con una expansión mucho más acentuada. En ese contexto, el centro no podría mantenerse operacional por más tiempo. Esto provocaría un poderoso impacto en la ciudad entera dado que a medida que los antiguos distritos declinen, los residentes enfrentarían mayores obstáculos para habitarlos en función de una reducción de los servicios fundamentales de apoyo y de un incremento en situaciones no éticas en términos de una más significativa criminalidad en la zona. Esos distritos abrigarían a su vez a una clase social cada vez más desprotegida la cual después de un cierto tiempo igualmente los abandonaría para convertirlos en zonas prácticamente desiertas. Se fomentaría así el crecimento horizontal de la mancha urbana cada vez más pronunciado.

En ese orden las ciudades, sobretodo las inteligentes con sus sectores centrales deben de garantizar convenientes estándares de revitalización u de calidad de vida a los habitantes para evitar la decadencia general de algunos de los distritos (si no es que en todos) que son económica y culturalmente importantes. Para alcanzar este objetivo, se deberá contar con un buen conocimiento no solamente de los conceptos de base sino de la interdependencia funcional de ellos para así orientar mejor su desempeño y evaluación.

Con la valiosa asistencia TIC esta evaluación conducirá al establecimiento de nuevos patrones, políticas y programas urbanos que colaboren con las más apropiadas acciones para mejorar socioeconómica y ambientalmente a los sectores centrales de la ciudad inteligente que se espera para el estudio del caso de México en relación a su habitabilidad, limitando así lo más posible a la citada expansión.

I. MÉXICO. CASO ÚNICO DE REFERENCIA.

En el marco de la Ciudad de México como estudio de caso seleccionado, esta presenta distintos contrastes especialmente en su centro. Para exponer adecuadamente esa situación, este capítulo retoma los tres grandes incisos utilizados al principio de este trabajo que exponen los antecedentes de la ciudad así como la experiencia que los residentes del centro, (conocidos comunmente como "chilangos") (Figura 2) han vivido en la zona urbana ZMCM de los Estados Unidos Mexicanos.

A) Datos demográficos.

La región central de México ha sido el principal nodo de desarrollo del país. Esta región ha conocido un gran cambio en su dinámica demográfica que alberga a la más importante ciudad de dicha región: la Ciudad de México. La Ciudad de México y su sector central han pasado de polos de atracción a polos de rechazo según sus características de movilidad (Chávez, 1999:228, 229) y preferencias de habitación de la población residente. Recordando de la introducción de esta obra, Aguilar, Graizbord y Sánchez, (1996: 32, 33) de la misma forma que Delgado en Schteingart (1991: 86, 87) indican que ha habido cuatro etapas en el proceso general de urbanización de México: preindustrial, industrial, metropolitana y megalopolitana. Durante la etapa preindustrial, las poblaciones de colonizadores europeos y autóctonos se encontraban en un momento de estabilidad en relación al nodo central de la ciudad. En la etapa industrial ese nodo central vivió una especialización funcional que fomentó un movimiento demográfico de inmigración ocasionando que la población urbana en el lugar fuera más numerosa. En lo que corresponde a la etapa metropolitana, el crecimiento de la zona metropolitana en ciertos nodos periféricos se manifestó en términos de pérdidas absolutas de población en el sector central de la ciudad para favorecer ya sea a las regiones exteriores a ese sector o bien a las zonas de influencia (hinterland). Finalmente en la etapa megalopolitana el desarrollo de una red espacialmente integrada por regiones interdependientes se confirma a través de una importante zona urbana (Zona Metropolitana de la Ciudad de México – ZMCM y más recientemente Zona Metropolitana del Valle de México – ZMVM.debido a su rápida expansión). El impacto de todo ese panorama se tradujo durante la década de los años 80 en una extensión periférica sin precedentes acompañada de una reducción demográfica central también sin precedentes.

B) Problemas urbanos.

La fuerza que dicha extensión del espacio urbano tiene desde el punto de vista demográfico y geográfico ha sido igualmente previamente mencionado en esta obra. Un componente crítico de ese espacio lo representa la Ciudad de México y como consecuencia el sector central que llega ser el centro de toda la ZMVM. El sector actualmente integrado por cuatro *"delegaciones políticas"* (municipios), Benito Juárez, Cuauhtémoc, Miguel Hidalgo, y Venustiano Carranza ha experimentado una significativa baja de población. Esta situación desafortunadamente puede considerarse como el resultado de un notable "olvido" de mantenimiento del centro de la ciudad en términos de renovación de vivienda y servicios, programas de empleo por parte del gobierno para en su lugar, revalorizar el suburbio. Ese "olvido" del centro ha provocado un importante cambio en la articulación ética y no ética a causa de una caída en la calidad de vida (CDV) y del lugar (CDL) de ese espacio junto al correspondiente abandono demográfico dicho, registrado durante el periodo de 1970 a 2005 (SIC, 1971; INEGI 1984, 1991, 2000, 2005). La creación de nuevos polos de atracción en el suburbio permitió dotar a esta población de mejores empleos que los tradicionales de servicios en el centro. La decepción de los residentes en este centro fue evidente. Esa situación se tradujo en forma de nuevas inversiones para intentar resolver algunos de los serios problemas que el transporte por ejemplo le planteó a la zona central (embotellamientos, desperdicio de tiempo, contaminación atmosférica, etc.) asociados a los de una descontrolada expansión periférica de la ciudad. La pertinencia de todo se apoyó sobre la relación entre progreso y nivel de revitalización alcanzado en relación a lo ético y no ético y sus repercusiones sobre la CDV y la CDL en los distritos más desprotegidos.

En relación al aspecto socioeconómico ligado a las condiciones de vida y de estrategia de supervivencia tenemos que todo esto ha jugado siempre un papel predominante en esa ciudad particularmente en los grupos de bajo ingreso. Esa situación ha caracterizado al muy relativo "desarrollo" alcanzado en ciertos sectores de los distritos centrales. Un deficiente gobierno junto con la indiferencia mostrada frente a los variados problemas urbanos mas la evidente corrupción, empeoró todo el panorama. El crimen, la prostitución, las drogas, la mendicidad, se multiplicaron como resultado directo de la mala situación socioeconómica y administrativa local. Ese resultado ha tenido fuertes impactos sobre la sociedad mexicana hasta nuestros días. El centro de la ciudad cambió entonces como anteriormente se puntualizó, de polo de atracción a uno de rechazo.

C) Soluciones adoptadas.

Frente a estos problemas, se habla asimsimo al principio de esta obra de los desafíos urbanos que se han presentado para el desarrollo de México. Esos desafíos son enormes y difíciles de resolver. Una falta importante de agua, una alta contaminación ambiental causada por la dualidad industria-auto, un deficiente procesamiento de deshechos, etc., han tenido todos una influencia considerable sobre ética y no ética del espacio urbano de la capital nacional. Los mencionados mal gobierno/administración de la ciudad completan al porceso de extensión periférica y despoblamiento central.

Con objeto de mejorar al menos de forma parcial el asunto no ético de lugar, el reciclaje del espacio central construido, el suministro de servicios y seguridad adecuados en el marco de la ética y de un buen gobierno se transformaron en desafíos cuasi-endémicos para la sociedad. Para enfrentar este estado de cosas, la asociación gobierno/sector privado instrumentó una serie de programas de renovación y de medidas para alcanzar un ambiente urbano más satisfactorio. Como varias veces se ha dicho antes, se espera para el siglo XXI que el mejoramiento de todo eso produzca el esperado incremento CDV / CDL central en el contexto de un progresivo proceso de densificación demográfica con una importante participación digital (TIC).

II. MÉXICO. SU DESARROLLO URBANO.

El presente estudio ha hecho asimismo énfasis en la existencia de muchos contrastes en el centro de esta ciudad identificados a través de una serie de distritos pobres ("Tepito") y de ricos ("Polanco"). Hoy en día, ese centro se encuentra en medio de un conjunto de acciones gubernamentales que intentan encontrar un equilibrio entre los dos polos indicados. Las autoridades han tratado de promover la revitalización local por medio de políticas, programas, acciones y estándares poco claros (Schteingart, 1991: 113) y a veces hasta contradictorios. Dos grandes principios de organización espacial se han opuesto uno al otro desde los años 50: 1. Fomentar y mantener a todo precio una vivienda social digna; 2. Darle prioridad a la transformación de la zona para beneficio exclusivo del turismo y de los negocios.

La consecuencia de tales principios ha tenido como resultado la adopción de una política mixta que ha significativamente cambiado el paisaje urbano local para por un lado instrumentar programas de renovación de vivienda popular con la reconstrucción de alrededor de unas 40,00 unidades (ibidem: 112) para recuperar a algunas de las mss de 5,000 que fueron destruidas por los terremotos de 1985 y por el otro instrumentar programas de renovación comercial a través de los cuales el gobierno ha rehabilitado a unos 200 palacios y conventos históricos, convirtiéndolos en hoteles, galerías de arte, etc. para el turismo tanto en dicho centro como en ciertas áreas peri-centrales (ibidem; Andrade y Gálsim, 1993: 37).

A pesar de esas acciones, los residentes han hecho los mejores esfuerzos para obtener la necesaria respuesta de revitalización en espacio y tiempo de vicienda y servicios con objeto de elevar el nivel local tanto en términos cuantitativos como en cualitativos de calidad de vida de todas las clases sociales que habitan la zona central. Se trata de un auténtico ejemplo de lucha constante que la gente ha realizado para exigir condiciones mínimas de habitabilidad sobretodo en los distritos pobres de esa zona. En ese contexto, los residentes han sido un factor crítico para mejorar racionalmente en cierta medida las condiciones descritas con antelación. Las autoridades se han vito bajo presión para reflexionar sobre la construcción de proyectos de desarrollo suntuoso promoviendo los de tipo residencial a escala más humana para transformar los espacios urbanos abandonados evitando adicionalmente así la demolición sin distinción de distritos de la zona de algunos importantes edificios históricos.

En la Ciudad de México la situación de la vivienda es incierta. Si bien el gobierno ha lanzado varias iniciativas de revitalización realizadas después de los terremotos de 1985, esas mismas no han sido consistentes ni en espacio, ni en tiempo. Autores como Ward (1998) han denunciado la ausencia de un auténtico proceso de renovación residencial en el centro. Esta situación ha tenido impactos cuantitativos y cualitativos. En ese marco, el presente trabajo igualmente hace notar la apertura al mercado privado que diferentes programas de vivienda han experimentando, limitando así las posibilidades de acceso a los mismos de las clases económicamente más débiles y con una necesidad más significativa de habitación. Las consecuencias que tal situación ha provocado han transformado y cambiado los objetivos originales de los programas de forma evidente.

En ese contexto, podemos mencionar que la actual planificación de México ha sido demasiada lenta e inconsistente con las respectivas acciones revitalizadoras a partir del año 2000 como para formalmente responder a la dinámica social, económica y ambiental que la ciudad hoy en día exige. Estos hechos son testigos del estado actual de revitalización urbana del centro de México confirmando el nivel de decadencia social, económica y ambiental que todavía existe en muchos de sus sectores/distritos centrales como el del caso del Oriente del Centro Histórico. Esa decadencia motivó un despoblamiento importante de la zona central. El descenso de población registrado en el siglo pasado es una ilustración muy representativa del cambio demográfico antes subrayado. En ese orden, la ciudad intenta en lo posible equilibrar con acciones éticas, la pérdida de residentes que han ocasionado las no éticas al crear una pobreza urbana muy significativa. No obstante, esas acciones éticas emprendidas para incrementar por ejemplo el nivel de empleo en todos los distritos que componen al centro no han sido ni iguales ni suficientes para mejorar el contexto citado en cuestión e invertir así la prevalente situación.

Al respecto, las tecnologías de información y de comunicación pueden eficientemente colaborar con los planificadores y con las políticas, programas y acciones de renovación para trasladar ciertas actividades socioeconómicas de la periferia al centro de la ciudad. Se piensa que las plataformas de datos abiertos de toda clase serian útiles para mejor orientar la toma de decisiones de los multicitados planificadores a la hora de elaborar planes de trabajo para entre otras cosas intentar de proporcionar suficiente empleo central de calidad no únicamente el de tipo terciario, sino cuaternario también a las poblaciones deseadas (solteros, casados, jóvenes profesionales, adultos mayores, etc.). Esto ayudará a desalentar el mudarse a otra parte y alentar en su lugar el regreso de la periferia. En esto, los gobiernos deben de cuidar el equilibrio de acciones entre el desarrollo buscado y los niveles de atracción demográfica buscados debido a una siempre probable saturación ya tocada, por demasiado éxito. Esto tampoco es bueno para el desarrollo y acarrea consecuencias negativas en materia de demandas adicionales de vivienda, servicios, infraestructura, etc. En síntesis, el proceso de planificación y de elaboración de programas de revitalización tendrá necesidad en el futuro de un cambio de pensamiento con la asistencia de las TIC para satisfacer bien los requerimientos de vivienda y empleo para así alcanzar los objetivos previamente trazados y reducir la actual decadencia en la zona.

III. MÉXICO.CONSECUENCIAS.

Las grandes ciudades mexicanas se caracterizan por sus muy extendidos desarrollos apoyados por sistemas de transporte colectivos que van de eficientes (metro) a deficientes (autobuses). El sector central de la Ciudad de México se identifica todavía por tener una elevada densidad demográfica con una baja producción de casas-habitación unifamiliares y una alta dependencia del transporte masivo que en ciertos casos se presenta saturado, situación que se presenta como muy difícil para la atracción y retención especialmente de las familias con hijos.

La pobreza ha desempeñado un importante papel en esto. A pesar de que la tasa oficial de desempleo de la zona metropolitana fue establecida en un 3% durante los años 1990, el problema lo representó el aumento del empleo informal. Desafortunadamente este tipo de economía ha animado la instalación de pequeños comercios ambulantes de toda clase que se han ubicado en ciertas avenidas y calles del centro histórico incrementando los niveles de contaminación vidual y auditiva así como la inseguridad en esta zona.

Frente a la falta de eficiencia y de interés municipal para resolver el problema de los vendedores callejeros que se han apropiado ilegalmente del espacio público dedicado a la circulación peatonal y vehicular (banquetas, calles, plazas) el espacio privado también ha sufrido un desorden urbano que no es ético. Esto ha causado una significativa devaluación a la vez fiscal y física del lugar. Ha también provocado el progresivo abandono de los inventarios centrales por los antiguos residentes para irse a instalar en sectores peri-centrales y/o periféricos (expansión). Este panorama confirma en ciertos casos la ineficiencia del gobierno en administrar adecuadamente las políticas de revitalización en los distritos de la zona para retener a sus habitantes tradicionales.

Ese orden asociado a los apuros económicos no ha sido definitivamente suficiente como para sostener una habitabilidad aceptable en los distritos implicados, lo que conjugado con la importante demanda de vivienda ha ocasionado una disminución de calidad de vida local. Este problema que en cierta medida todavía persiste en algunos de los lugares centrales de la ciudad, igualmente se explica por la falta de dinámica económica que pudiera proporcionar un número suficiente de empleos y de mejores salarios así como una más óptima distribución de recursos (vivienda digna).

El cambio de modelo económico de integración de los años 80 por el de apertura externa representada por el Tratado de Libre Comercio de América del Norte – TLCAN de los años 90 ha reconfigurado el territorio en particular el del centro en función de las nuevas condiciones de producción. Esto ocasionó una caída en los empleos locales de manufactura junto con la consecuente emigración de la zona sin haber sido todavía equilibrada con una respectiva inmigración. La creación de un contexto socioeconómico mucho más elaborado se ha también presentado como resultado de los movimientos descritos: desconcentración de las citadas actividades industriales y concentración de las de servicios (terciarios). De tal forma, el incremento de estos últimos que el sector central ha tenido parece haber creado ahí nuevos espacios económicos. En el marco de todos esos cambios, se lanzó a partir de los años 90 una nueva estrategia por parte del gobierno para todas las iniciativas de vivienda en donde se estableció que la tradicional política social necesitaba igualmente de la participación de la sociedad entera para ampliar los programas de habitación del estado. Ese nuevo enfoque oficial condujo entre 1990 – 1992 a importantes transformaciones en la administración de programas de vivienda social y al final a una reducción para tal propósito, del financiamiento del gobierno. Como consecuencia, el impulso de nuevas formas para atraer recursos adicionales del mercado financiero hacia la producción de viviendas sociales significó la entrada del capital privado en términos de una hipoteca de tipo bancario con el objetivo de explorar qué posibilidades de ganancia económica existían sobre la cual la nueva iniciativa del gobierno descansaba (Villavicencio, J., 2000).

Esto conllevó a una importante creación de empleos en el ramo de la industria de la construcción. A pesar de esas ideas, la participación privada ha causado un incremento de forma significativa en el costo de las viviendas de interés social y por lo tanto en el crédito para comprar esas unidades provocando el rechazo de muchas solicitudes al mismo de personas con ingresos insuficientes. En relación al ambiente construido, el impacto de la transición ha alcanzado no solamente a la demografía sino también a la misma vivienda la cual ha mostrado una disminución en su concentración en el centro. Adicionalmente a los aspectos sociales y económicos ya hablados, es posible asimismo otra vez recordar a los terremotos de 1985 que tuvieron una fuerte influencia sobre el comportamiento de los inquilinos y los cuales originaron un descenso general en la calidad de vida de toda la zona. En ese panorama, hay que también resaltar que los cambios en el mercado laboral son igualmente importantes y frecuentemente están ligados a la demanda y zonificación de las habitaciones lo que se refleja a su vez en un momento dado en el movimiento intra-urbano. La "Encuesta Nacional de Migración en

Áreas Urbanas" indica que durante el periodo 1985 – 1990 el balance migratorio neto fue de 468,069 personas que se mudaron del sector central de la ciudad para irse a vivir al vecino Estado de México. Esquivel y Villavicencio (1995) confirman que una proporción importante de la población que ha tenido éxito en adquirir una vivienda de interés social en la periferia de la ciudad (particularmente en los municipios metropolitanos) venia del sector central. Esta población con una escala de valores más cercanos a la familia ha escogido de ubicarse ahí, buscando una vivienda apropiada que comprar, acción que es mucho más difícil de hacer en distritos más consolidados.

Todos esos cambios han paralelamente influido sobre el comportamiento de los comerciantes en los distritos centrales. No obstante la ausencia de un importante proceso de gentrificación residencial en el centro, Ward (1998) informa de la existencia de uno comercial que desafortunadamente no ha incluido a las clases populares. Ese proceso de segregación comercial que atenta contra la ética ha cambiado el uso en algunos lugares, concentrando su atención en las clases media y alta. Schteingart (1991) y Chávez Galindo (1999) han afirmado que los cambios más importantes en una zona en particular se pueden verificar por medio de un análisis de distribución por contorno urbano. De acuerdo a Villavicencio et al (2000) la variación cuantitativa de vivienda (y comercios) es un proceso de los más críticos que transforma la estructura espacial de las ciudades.

En el centro de México una parte importante del inventario de la zona se caracteriza todavía no solo por una falta de vivienda nueva sino también por una sobreutilización de la existente, situación que refuerza igualmente a un déficit importante de calidad residencial local. Para remediar eso el gobierno ha intentado revitalizar ambientalmente al contexto construido por medio de políticas urbanas de ordenación del espacio central las cuales a veces son menos claras y no se adecúan bien al propósito de disminuir el crecimiento de expansión sin control. Así, en el marco de una política urbana que pretende lograr un ambiente más satisfactorio en términos de más y mejores acciones de vivienda social, diversos programas creados para tal fin han perdido su valor frente a las clases populares debido al nuevo enfoque capitalista, menos accesible, más exigente para otorgar el crédito necesario en la compra de una vivienda aceptable y sobretodo digna.

Ese estado de cosas, fomentó mucho la tendencia general de contracción socioeconómica central y de expansión de la ciudad. Este estudio señala que la expansión urbana de México de 1970 a 2000, se ha dado sin precedente en la historia moderna de la ciudad principalmente por el crecimiento demográfico y geográfico citado. Dicho crecimiento ha igualmente ocasionado importantes cambios de tipo social, económico y ambiental. Este periodo es representativo de una situación que oscila entre la tradicional ciudad mononuclear y la polinuclear de hoy alimentada por el indicado proceso de contracción en el sector central y de extensión de los periféricos. Desde el punto de vista demográfico esto significa un punto de retorno difícil debido a que la re-densificación del centro no siempre es fácil de lograr (Tello Campos, 2018): en primer lugar hay que convencer a las personas de los nuevos beneficios en el centro para rehabitarlo; y en segundo lugar, hay que motivar a los antiguos a seguir habitando los distritos de origen. Esto lleva mucho tiempo. La exploración de este urbanismo es interesante en función de la historia de desarrollo del mencionado centro ya que representa el inicio de una planificación estratégica que intenta todavía corregir el desequilibrio expuesto con anterioridad. Las crisis de toda índole causadas por la negligencia en el mantenimiento de la zona central con todas sus consecuencias que ahí se imponen es un hecho plenamente confirmado por la realidad existente. En ese sentido será importante y urgente que México resuelva el problema de abandono de la mencionada zona. A pesar de lo dicho, las medidas tomadas por el gobierno para encontrar algunas soluciones a su despoblamiento y así intentar recuperar la antigua plataforma demográfica de los años setenta no han resuelto al momento todos los problemas locales. La falta de coordinación, consistencia y eficiencia ha sido en algunos casos más que en otros, notoria en la aplicación de los programas de revitalización. En función de una iniciativa de re-densificación central mejor conocida como "Bando Dos" (es decir, "Boletín Informativo Dos") del gobierno municipal, la modificación de los polígonos de atención de las políticas respectivas que ofrecen la esperanza de resolver bien el problema demográfico del centro, permanece en cierto sentido incierta. El tiempo confirmará lo acertado o no de dicha acción.

La creciente preocupación del gobierno por apoyar un desarrollo más integrado ha motivó el ajuste de dichas políticas. Por una parte, el regreso de unas 300,000 personas que previamente se habían mudado de la zona solamente al distrito "Juárez" de cuatro distritos que integran el centro, es una ilustración del funcionamiento del "Bando Dos" dado que esa política de re-densificación había sido previamente juzgada como parcial y restrictiva.

Con la modificación, se ha buscado promover ciertas zonas de aplicación en donde se pueda y deba construir y remodelar vivienda en la ciudad. Si bien las políticas urbanas como la del citado "Bando Dos" no han sido nunca perfectas el balance global ha sido hasta ahorita modestamente positivo. El nuevo arraigo de la población reciclando para tal efecto la vivienda de los distritos centrales que busca recuperar la función social de la habitación de la zona, la reutilización de los bienes inmobiliarios parcialmente ocupados o vacíos y la preservación y rehabilitación del patrimonio histórico recuperando también su función social, económica y ambiental, son todos logros que favorecen al balance del "Bando Dos". Esto ha apoyado la continuidad del plan de re-densificación original. A pesar de todo esto, en general, las políticas, programas y acciones de revitalización de la Ciudad de México son marcadas muy frecuentemente todavía por su inconsistencia en la aplicación y por una ausencia de rapidez (eficiencia) en su realización como se cita.

IV. MÉXICO. SU REVITALIZACIÓN.

La revitalización urbana es un precioso recurso con el que los diferentes gobiernos disponen para mejorar las condiciones de desarrollo y de habitabilidad de las ciudades, sobretodo las de las grandes ciudades. Las ciudades son los lugares como se sabe, en donde se producen actividades de tipo socioeconómico, mostrando normalmente fuertes densidades en su contexto construido con una infraestructura de características bien definidas. No obstante, esta obra ha indicado que el punto más importante es que las ciudades son establecimientos sociales, lugares en donde las gentes viven y trabajan por lo que siempre son susceptibles de revitalización. Para conocer el grado de revitalización de una ciudad se debe poner atención a todas las iniciativas del proceso mismo. De esta forma, para bien comprender su papel en relación al desarrollo urbano buscado es necesario recurrir a las definiciones conceptuales de los atributos de renovación y gentrificación locales.

La renovación local implica el mejoramiento de la sustentabilidad residencial realizada ya sea por el gobierno o bien por los habitantes de la zona en cuestión. A la gentrificación se le puede interpretar en el marco de la sustentabilidad residencial como a todo mejoramiento producido por la inversión privada de migrantes exteriores a la zona de estudio. Sénecal et al (1991) informan que todo cambio en revitalización urbana provoca un cambio socioeconómico y ambiental equivalente y viceversa. En ese orden es posible afirmar que la citada renovación local depende en un momento dado de los cambios positivos / negativos, del nivel de ingresos de la municipalidad y también del de los residentes. Igualmente los procesos de gentrificación pueden también depender en un momento dado de los cambios positivos / negativos según el modelo de movilidad de los migrantes inversionistas (esto es gentrificadores que son personas de clase mínimo media con educación universitaria que acceden a una cierta zona por su valor histórico, arquitecónico, etc. La gentrificación tiene un impacto muy importante sobre la zona de recepción mencionada.

La dinámica de este fenómeno se caracteriza por ser de tipo irreversible. Una vez que comienza, continúa hasta el final (ibidem: 16). Es alentador afirmar que los gentrificadores inversionistas pertenecen a la generación de los "baby boomers" educados con trabajos profesionales, gerenciales, administrativos, o técnicos. Sus familias son normalmente pequeñas, muy características de gente sin hijos. Ese modelo rompe con la tradición según la cual los "baby boomers" vivían en el suburbio provocando expansión. Todo el fenómeno descrito está acompañado no solamente de una rehabilitación residencial sino también de una comercial como antes se informó que inducen un alza en los valores de las propiedades, en los catastrales y en los de renta, con el desplazamiento de residentes pobres. Esta situación no es ética. Asimismo los valores y costumbres de los antiguos residentes frecuentemente entran en conflicto con las de los nuevos ocasionando que la colaboración entre los dos grupos resulte a veces difícil. Las plataformas TIC pueden contribuir ofreciendo a los probables nuevos que posiblemente van a llegar, el perfil social y sicológico de los que ya están (residentes), apoyando asimismo a la economía de la zona promocionando sus atributos, así como al ambiente del contexto, para una buena toma de decisiones antes del cambio. Esto evita las sorpresas y posibles problemas sociales.

Resta en ese cuadro todavía una vez más remarcar que las acciones de revitalización tienen un impacto sobre los lugares centrales de diferentes formas. Quizá la más visible sea el flujo despoblamiento / repoblamiento demográfico que puede causar a la vez tensión y desorden tanto para los nuevos residentes como para los antiguos. Al respecto la Comisión Mundial sobre Ambiente y Desarrollo (World Commission on Environment and Development – WCED), reconoció en 1987 que muy pocos países en desarrollo tienen la suficiente infraestructura física y humana como para proporcionar revitalización al rápido ritmo que sus crecientes poblaciones frecuentemente exigen para asegurarles una vida humana digna. El paracaidismo ("squatting"), la sobrepoblación, la enfermedad, la falta de instalaciones necesarias, la contaminación del ambiente, son el resultado final de toda esa situación. La WCED afirma que la crisis desatada en los países en desarrollo es susceptible de alcanzar a todo el mundo tanto a las ciudades del mundo industrial como a las ciudades de países pobres para poder garantizar una pretendida sustentabilidad global. Numerosas ciudades ya sean industrializadas o en desarrollo tienen problemas similares de despoblamiento en sus centros, de expansión en la periferia, de pérdida de empleos, de infraestructura seriamente deteriorada, de degradación ambiental, de degradación en el centro y de colapso de municipios. Este tipo de acciones presenta muy serios y apocalípticos desafíos y problemas a los gobiernos respectivos. La literatura al respecto habla de varios puntos clave de la dinámica urbana relacionados al probable impacto que un rápido decaimiento local pudiera provocar frente a un incremento demográfico general.

Bourne (1982: 248) indica que el ritmo de ese incremento en numerosos sectores centrales de las ciudades del mundo occidental ha sido hasta ese momento de cero o negativo (Ciudad de México). Esta situación origina cambios estructurales y más importantes problemas a los legisladores de política urbana pública que los problemas anteriormente identificados con el modelo de exclusivo incremento acelerado. Según este autor, la reducción demográfica continuará sobre los sectores citados a pesar de muy interesantes iniciativas de planificación para zonas en decadencia (ibidem).

Varios investigadores no están de acuerdo con esta posición e indican que en ciertos ejes de algunas grandes ciudades ya se ha dado un regreso de personas con el consiguiente aumento de población en el centro de la ciudad. En todo caso, es difícil decir si la zona o sector central sufrirá mucho más bajo las nuevas condiciones de incremento cero o no, pero una cosa es real: las futuras políticas deberán cambiar y adoptar una posición mucho más ética en el proceso de desarrollo urbano que las antiguas políticas (Donald, 2001; Polèse y Stren, 2000; Bourne, 1982). La Comisión Independiente de Población y Calidad de Vida (1998), indica en este sentido que la tarea a realizar es cualitativa para proporcionar una posibilidad a las gentes de tener y vivir una vida digna y cuantitativa para equilibrar la población local. La metamorfosis que la Ciudad de México ha experimentado de acuerdo a su perspectiva de revitalización socioeconómica, ambiental y contextual en su centro en términos demográficos, laborales y de vivienda es importante de conocer en los aspectos más críticos del proceso para determinar mejor las causas que la han originado. Socialmente (demográficamente) la Ciudad de México se encontraba en 2002 entre las veinte más grandes norteamericanas, la segunda más grande después de la conurbación Nueva York – Filadelfia con un total de población de 18, 115, 016[165] de residentes y primera en la región central de los Estados Unidos Mexicanos – EUM. Esta región es la misma que ha alojado a la mayoría del mercado nacional de manufactura apoyando su desarrollo. A pesar del importante cambio migratorio de polo de atracción urbana a polo de rechazo, la Ciudad de México ha guardado su predomino como primer centro urbano del país. Datos demográficos de los años 70 indican que México como gran ciudad, registró una reducción demográfica provocando a la vez un aumento en el de otras ciudades de tamaño mediano producto del cambio de movilidad de la población tanto en magnitud como en flujo[166].

Económicamente, la ciudad no ha tenido un establecimiento de industrias como el que se dio durante los años 50 y 60[167], No obstante, el cambio de esquema socioeconómico de la misma no se ha asociado únicamente a su consecuencia en términos del cierre y relocalización de industrias hacia los sectores periféricos con nuevas y modernas instalaciones, sino también al

---

[165] INEGI, 2002
[166] CHÁVEZ, a.m., 1999:272.
[167] WARD, P., 1998: 79 – 81.

cambio de condiciones incluso políticas en el país entre otros factores. A pesar de todo ello, es un hecho que la inversión bajó de forma drástica en el centro comenzando desde la década de los 70, situación que ha implicado una substancial reducción de empleos locales en esta geografía así como un notorio aumento en la decadencia de algunos de sus distritos (colonias).

Sobre el plano ambiental esta ciudad experimentó resultados similares causados por la variación en la citada dinámica socioeconómica. Aguilar et al (1996) hablan de la importancia que para la misma representa el cambio de un modelo urbano de concentración vigente desde la década de los 80 a otro de exportación el cual se encuentra mucho más comprometido con una mayor integración a la economía mundial. En el contexto urbano, esa nueva situación ha dado lugar a pérdidas de población y de empleos de manufactura en el centro de la ciudad como se informa. A pesar de esa situación el centro todavía alberga a una importante población residencial. Para enfrentar este problema, el gobierno lanzó diversas políticas de revitalización en las zonas más desprotegidas.

En ese orden las autoridades han motivado con más enfasis el crecimiento de distritos (colonias) centrales (re-densificación) por medio de una cierta y cotroversial construcción de viviendas populares y desarrollos comerciales. La discreta preferencia otorgada a la zona central de la Ciudad de México en relación a su posible crecimiento demográfico (favoreciendo con esto un desarrollo centro – periferia mucho más equilibrado y ordenado - "Bando Dos"- aprovechando para tal tanto los servicios como a la subutilizada infraestructura disponible) como iniciativa de revitalización urbana arroja como se ha dicho, un balance más positivo que negativo en su desempeño después de años de adopción. Sobre el plan discretamente positivo, las acciones del "Bando" han logrado no solamente una cierta re-densificación en el área sino igualmente la reactivación del financiamiento privado de viviendas. Sobre el plan negativo esas acciones han incrementado la dificultad (requisitos y montos) del acceso al crédito necesario del consumidor potencial para comprar una casa de calidad y de interés social debido al encarecimiento de terrenos en el centro. El repoblamiento parcial de esta zona centro se ha convertido en ese momento en una realidad únicamente para ciertos de sus distritos (municipios, colonias) y habitantes.

En cuanto a un probable retorno a la citada zona el municipio de "Cuauhtémoc" informó que sesenta mil familias que se habían ido a vivir a sitios periféricos como "Iztapalapa", "Tláhuac", o bien a las zonas altas de "Xochimilco" han regresado ahí como resultado del "Bando Dos" según Martínez[168]. Dicha regreso ha sido apoyado por un proceso de planificación que a pesar de su lentitud[169] ha respondido de una forma mas o menos formal, al dinamismo social, económico y ambiental que la ciudad presenta en relación a las posibilidades de empleo disponibles para alcanzar ciertos objetivos trazados. Así, bajo la política urbana del "Bando Dos", el Programa General de Desarrollo Urbano – GDU que tenía como objetivo la dotación de 34,000 nuevas viviendas de interés social, ha logrado construir 2,420 que representaban el 7..1% de esa categoría solamente durante el año 2004 en el sector central de esta ciudad[170]. En ese marco, la esperanza de continuar trabajando con acciones de revitalización de una forma más ética, es válida

---

[168] MARTÍNEZ, A., 2006, P.5.

[169] Para cambiar la situación, los programas de revitalización deben cambiar su enfoque para satisfacer más rápidamente las necesidades de los residentes no solamente de vivienda, sino también y sobretodo de empleo local. Esto permitirá que se cumplan en el tiempo requerido los objetivos de desarrollo necesarios reduciendo los posibles niveles de degradación para impulsar a los de calidad de vida / calidad del lugar.

[170] INVI, 2008.

para así reducir a las que no son éticas causadas entre otras razones por la falta de un más apropiado proceso de planificación que ha sido sostenido por una ineficiencia gubernamental producto de la falta de una apropiada aplicación de tecnología de punta como las TIC que este trabajo promueve, por una evidente corrupción y por una mala administración y forma de gobernar.

V. MÉXICO. EL ESTUDIO DE CAMPO.

Los incisos anteriores han establecido el contexto en el cual se desarrolló la encuesta del estudio de caso que aquí se presenta como ilustración de la pertinencia y utilidad TIC. **Para estimar la probabilidad de expansión urbana (extensión periférica) en función del proceso de revitalización dado en ese momento en el área central, así como de una también probable adopción tecnológica TIC por la población, fue necesario implementar un proyecto – piloto en la zona de interés por medio de una encuesta.** De esta forma, las bases de datos TIC construidas en el momento facilitan el análisis y posterior consulta de los mismos. Esto permite orientar y confirmar lo mejor las futuras políticas, programas y acciones urbanas a tomar.

La encuesta que se utilizó en la Ciudad de México consideró en primer lugar al perfil socioeconómico ambiental y contextual de los residentes seleccionados (la muestra) para elaborar el plan de trabajo de la investigación. La zona elegida fue el Centro Histórico Sector Poniente. Este último se compone de unas 394 cuadras (manzanas o blocks). De ese número se encuestaron a 65 (es decir, al 16.50% del total) para proceder en ese contexto con las entrevistas de campo a los residentes. Este centro histórico es importante y trascendente no solamente para toda la ciudad sino también para todo el país, en otras palabras para toda la sociedad mexicana. El centro histórico ha sido testigo de muy significativos momentos en la historia nacional. Debido a la influencia de ese centro es posible obtener una idea general del grado de desarrollo que los EUM han logrado en el tiempo en su marcha hacia el progreso. El centro histórico es el lugar en donde las decisiones de tipo político, administrativo, diplomático, religioso, educativo, etc., se toman con poderosos impactos a todos los niveles de la vida del país. Se trata de un importante nodo estratégico que determina y refleja la dirección sobre la cual la sociedad debe marchar.

En el marco del perfil socioeconómico de sus residentes este estudio recuerda que durante el siglo XX el centro fue habitado por una clase de tipo medio, así como baja y muy baja. Se trata de un conjunto de trabajadores y de trabajadoras que han vivido ahí de generación en generación. En función de esto los sentimientos de pertenencia (apego) todavía muy enraizados en ellos juegan un papel muy importante para decidir de continuar o no viviendo en el lugar en donde nacieron y crecieron. Gracias a las políticas de re-densificación central del "Bando Dos" en un cuadro no solo de revitalización sino ahora también de gentrificación residencial, la zona ha adicionalmente recibido a gentrificadores recién llegados que pertenecen a las clases media y media alta, hecho que constituye todavía la excepción a la regla. Esta nueva población está más interesada en la cercanía geográfica a lo histórico del lugar, a su arquitectura, a los beneficios de los paseos a pie, a la red de transporte (metro), la seguridad, recreación, etc., existentes en donde se pueden sustraer un poco de la vida en periferia con todos los inconvenientes que eso implica.

A). Instrumentación.

Partiendo de lo citado el estudio realizado en el contexto socio-histórico de la capital nacional del país investigó a través de entrevistas dirigidas a residentes que tuvieran un suficiente conocimiento del área seleccionada del centro (el mismo sector Poniente). El propósito fue de determinar la disposición de sus habitantes de continuar viviendo ahí o bien de mudarse a otra parte (zonas pericentrales o periféricas). El nivel de ética y de no ética reportado por los residentes proporcionó así una información exacta del verdadero poder de atracción (o de rechazo) que la zona central en ese momento tenia sobre las personas que la habitaban. Así la eficiencia de diversas políticas, planes, programas y acciones de urbanismo que se han aplicado pudo bajo ese panorama ser evaluada de forma mucho más clara y objetiva con la asistencia TIC para informar de los resultados a los posibles interesados. Es prudente señalar aquí que la consulta pública y el procesamiento técnico de datos son elementos clave para asistir más estrategicamente antes de la toma de decisiones por los responsables (diferentes autoridades de gobierno, agencias de planificación, inversionistas, mismos residentes, para terminar con el público en general mismo) al proceso general de desarrollo sustentable y mejoramiento de sectores. Esta es la idea que algunas de las grandes ciudades de hoy persiguen como una meta en su busqueda por el progreso.

Colateralmente, los perfiles socioeconómico, ambiental y contextual que se obtuvieron de la población permitieron asimismo evaluar la probabilidad de adopción tecnológica de información y comunicación TIC en este caso por la muestra de encuestados.

En cuanto al instrumento mismo de la encuesta que se implementó, el cuestionario, este se integró por 26 variables ordenadas en dos secciones: A. Identificación del entrevistado (perfiles social, económico y ambiental); y B. Identificación del medio urbano (perfil contextual). El perfil social estableció la identidad del individuo en términos de sexo, edad, estado civil, hogar (composición), educación; el perfil económico en términos de actividad, ingreso, lugar de trabajo; el perfil ambiental en términos de régimen de propiedad, tipo de vivienda, modo de transporte, residencia actual (antigüedad en vivienda), residencia actual (antigüedad en colonia), residencia anterior (lugar), residencia (voluntad libre de permanencia). El perfil contextual por su parte estuvo integrado por un conjunto de preguntas en términos de relación con familiares, amigos, vecinos, personas en general; la seguridad; satisfacción con vivienda (bien instalado); acceso a servicios; satisfacción con la naturaleza local, con el empleo local; con el tiempo empleado en desplazamientos; con la forma de gobernar (administración); con la calidad de vida; deseo de mudarse y probable lugar de mudanza si procede (ver Anexo).

B). Resultados.

Como se indica, Centro – Histórico Sector Poniente fue el área seleccionada a encuestar debido a su muy particular desarrollo social, económico, ambiental y contextual 1970 – 2000. A través del tiempo el sector Poniente ha sido blanco de algunos programas de renovación. Entre los más notables recordamos el Programa de Renovación Habitacional Popular – RHP, etapas I y II mencionado por Vite Pérez, (2003:66), el Programa de

Rescate Centro-histórico – RCH, en www.centro.historico.df.gob.mx y sobretodo al anteriormente mencionado Programa General de Desarrollo Urbano – GDU (en GDF, 2003 - 2006) que incluyó al boletín denominado "Bando Dos" lanzado hacia el año 2000 (Ariza y Ramírez, 2004 :40). El Programa de Renovación Habitacional Popular – RHP, se dirigió mas bien a la construcción de vivienda nueva en las colonias más deterioradas de la zona; el Programa de Rescate Centro-histórico – RCH puso su atención en la recuperación y conservación del centro, a través de la rehabilitación de apartamentos para tal fin y el Programa General de Desarrollo Urbano – GDU (Bando Dos) fomentó la re-densificación de los distritos o colonias centrales con la construcción de unidades de vivienda popular.

De acuerdo al desarrollo urbano logrado, se han estimado distintos niveles de evolución socioambiental por medio de índices de concentración demográfica así como de cobertura ambiental local. Bajo la acción de los programas del siglo XX y principios del siglo XXI, el índice de concentración demográfica indica un registro de 4.68 habitantes / vivienda en 1970, 4.11 en 1980, 3.79 en 1990, y de 3.43 en 2000 (Tello Campos, 2009). Por inspección se puede verificar rápidamente la contracción demográfica (despoblamiento) que se dio en el lugar en solamente tres décadas para favorecer la expansión periférica en la Ciudad de México.

En cuanto al índice de cobertura ambiental para el periodo 1970 – 2000 este mismo presentó a 0.21 viviendas / habitante en 1970, 0.24 en 1980, 0.26 en 1990, y 0.29 en 2000 (ibidem). De forma similar se puede observar que los crecientes índices hablan del grado de contribución hecha por los diferentes programas instrumentados en el lugar bajo consideración. Las variaciones mostradas son el resultado de algunas de las políticas, planes, programas y acciones de revitalización formulados por las diferentes administraciones gubernamentales sobre el sector Poniente. El conjunto de políticas provocó cambios significativos en la calidad de vida y del lugar de los residentes. Esa situación ha permitido elaborar estudios más detallados en el sitio para evaluar el alcance de esos cambios con objeto de reorientar mejor las mismas políticas urbanas en el futuro en términos de eficiencia de programas desde el punto de vista de la gente.. Esta obra ha considerado más puntualmente a un proyecto – piloto implementado en el campo para conocer el nivel de revitalización socioeconómica, ambiental y contextual logrado en el sector, según el porcentaje de satisfacción reportada por la gente para vivienda, servicios, infraestructura, naturaleza, etc., locales así como el deseo de los residentes de mudarse o bien de continuar permaneciendo ahí. Los resultados de la investigación obtenidos muestran que las condiciones de habitabilidad en general han mejorado, disminuyendo un poco más los movimientos de crecimiento sin control peri-centrales y sobretodo periféricos de la ciudad. Según estos resultados, el sector modestamente se opone al fenómeno de la incontrolable expansión periférica, dado que actúa como un imán de atracción centrípeta. Bajo ese panorama es prudente informar que esa atracción no ha sido general en el centro de la ciudad o en su centro histórico dado la influencia que proviene de sectores existentes en zonas más desfavorecidas que el Poniente citado.

Así el objetivo del proyecto – piloto de encuesta que fue lanzado en 2019 – 2020 ha explorado la extensión de tal atracción con una asistencia TIC. Las frecuencias de respuesta indicaron que casi el 60% (59.4%) de las mujeres y también el 60% de los hombres todos residentes, tienen más de 10 años de antigüedad habitando su vivienda. Esta situación ha puesto de manifiesto que la población que se exploró tiene una experiencia local de habitabilidad suficiente lo que ha representado un importante apoyo para obtener respuestas basadas en una realidad vivida por la gente. La experiencia reportada refuerza la credibilidad y precisión de respuestas de las variables consideradas por las entrevistas.

En función de lo anterior para propósitos de esta obra, se seleccionaron de todo el conjunto original los resultados de las variables más representativas. En ese orden, la encuesta reveló que un 62.5% de miembros del sexo femenino manifestaron que se encuentran bien alojadas en el Sector Poniente del Centro Histórico, mientras que casi un 81% (80.7%) de miembros del sexo masculino compartieron la misma opinión. Desde el punto de vista de los servicios instalados, 75% de las mujeres participantes respondieron que tienen un buen acceso a los municipales del distrito y casi 84% (83.9%) de los hombres han dicho lo mismo. En ese contexto, asimismo se obtuvieron los resultados correspondientes a la crítica variable del empleo que normalmente se asocia a toda iniciativa de cambio de residencia. El 54.8% de mujeres se declararon como satisfechas con las posibilidades laborales locales y un 42% (41.9%) de hombres se declararon satisfechos con las mismas posibilidades. En cuanto al lugar de trabajo, solamente el 42.3% de las primeras informaron que ellas trabajan en el municipio o distrito/colonia (fuera de la casa) y el 65.4% de los segundos lo hacen igualmente fuera de la casa lo que los convierte en candidatos idóneos al teletrabajo (telecommuting) con apoyo TIC.

Por lo que respecta a la educación, un 33.3% de las mujeres entrevistadas han llegado al nivel universitario, mientras que el 46.7% de los hombres entrevistados han dicho igualmente de haber llegado al mismo nivel de educación. Desde el punto de vista de la actividad, el 53.1% del sexo femenino y el 53.3% del sexo masculino confirmaron ser asalariados en el momento de la entrevista. A nivel de salario, un 56.3% de mujeres y un 44.8% de los hombres fueron identificados como ganando un salario medio. En seguridad, 46.88% de mujeres y 48.38% de hombres han informado sentirse en seguridad. Las relaciones sociales son siempre muy importantes en la vida de los humanos. Al respecto, 68.8% de del sexo femenino confirmaron tener una relación cercana con la familia, los amigos, los vecinos y en general con las personas de la ciudad. Para el 77.4$ del sexo masculino existe una relación similar con las mismas categorías.

El aspecto de la naturaleza local (calidad del aire, del agua, arboles, jardines, etc.) actualmente está casi siempre presente en todos los programas de desarrollo urbano. En ese orden, el 53.1% de mujeres entrevistadas están regularmente satisfechas con la misma mientras que solamente el 51.6% de los hombres entrevistados expresaron una opinión igual. En relación a la calidad de vida, un 50% del sexo femenino se muestra regularmente satisfecho con la calidad existente en la zona, mientras que el 48.38% del sexo masculino exhibe la misma opinión. El desempeño (administración) del gobierno, sobretodo del actual es siempre fundamental en todo desarrollo urbano que pretenda ser sustentable. El sexo femenino ha sido más indulgente al respecto al mostrar que el 22.6% no se encuentra satisfecho con la forma de gobernar de los socialistas (administración) mientras que el sexo masculino, un 41.4% no lo está.

No obstante que los residentes han manifestado tener una calidad de vida aceptable, no están de acuerdo con la forma de manejar los asuntos del área de estudio por parte del nuevo gobierno socialista.

En transporte, 71.9% de mujeres que participaron en la encuesta confirmaron que prefieren usar el transporte público (metro, autobús, etc.), para sus desplazamientos intra-urbanos mientras que el 65.5% de hombres que participaron dijeron lo mismo. Es necesario recordar que se trata del centro de la ciudad en donde el sistema público de transporte es más eficiente.

Bajo la misma perspectiva la variable tiempo se convierte en crítica para los desplazamientos. En este sentido, el 50.0% de miembros del sexo femenino respondieron que se sienten satisfechas con el tiempo que les toma ir de un lugar a otro de la ciudad. Al respecto, de los miembros del sexo masculino el 38.7% dijeron que se sienten igualmente satisfechos con el tiempo para ir de un sitio a otro en la misma ciudad. Los hechos (y sin duda las respuestas que se obtuvieron) hablan por sí mismos del nivel de eficiencia del transporte público de hoy en día el cual se encuentra sirviendo a la Ciudad de México en su Centro Histórico Poniente.

En cuanto a una probable emigración, la encuesta asimismo determinó que **la mayoría de los residentes actuales no se quieren ir del área bajo análisis.** Así, la voluntad de continuar habitándola es fuerte. En este orden tenemos que alrededor del 47% de la muestra considerada (46.88%) del sexo femenino, no vislumbra ningún movimiento de mudanza (cambio de residencia) peri-central o periférica. De forma similar, alrededor del 55% de la muestra entrevistada (54.84%) del sexo masculino, no considera hacer ningún movimiento de la misma naturaleza. En la categoría de residentes que con porcentajes inferiores a los anteriores respondieron afirmativamente a la posibilidad de mudarse, un 56.3% de las mujeres dijeron que a ellas les gustaría mudarse a alguna otra zona al interior de la ciudad mientras que

41.7% de los hombres se encuentran entre mudarse al interior de la ciudad o bien a la periferia (expansión urbana).

Los resultados confirman el grado de desempeño de los programas de revitalización en el área de estudio al explicar las más importantes variables que participaron en el proceso de evaluación. Es así que a partir de estos resultados, la asistencia tecnológica de información y comunicación TIC ha establecido de una fomra mucho más clara el panorama urbano que prevalece en la actualidad en Centro-Histórico Poniente.

C). Conclusiones.

En ese marco de desarrollo, la sociología de encuestas in situ es crítica para estimar el nivel de humanización (ética) o de deshumanización (no ética) del espacio tratado en función de una geografía cualitativa. La encuesta pone de manifiesto la problemática ética / no ética que aparece como consecuencia de la decisión de permanecer en el lugar de residencia en el Sector Poniente optimizando el espacio a través de un proceso de re-densificación o bien del deseo de los residentes de cambiarse (mudarse) de ese espacio central de la ciudad hacia otras zonas urbanas.

Este último fenómeno es la base del abandono del centro apoyando al crecimiento sin control ampliamente discutida en esta obra. No obstante, existe siempre la posibilidad de motivar con éxito a la gente por medio del acceso virtual para que conoxca las ventajas locales del lugar de residencia original que piensa dejar, antes de dejarlo. A través de bancos de datos de vivienda, servicios, empleo online, estudio online, etc., tanto en distritos con vocación sedentaria (esto es, distritos en donde los habitantes no quieren mudarse) como en distritos con vocación móvil (distritos en donde la gente quiere mudarse) ese conocimiento resulta siempre útil por lo que demuestra una gran pertinencia de adoptar ordenamientos TIC.

En este trabajo se ha observado que la vocación sedentaria de las personas puede importantemente aumentar cuando se adoptan dichos ordenamientos virtuales TIC y se conocen con antelación las causas y consecuencias de cada movimiento inter/intra urbano. Esto bien puede de una fomra fácil reforzar el posible sentimeinto de permanencia en el lugar original de residencia al darse cuenta la gente de los recursos locales con los cuales dispone mediante su consulta en bancos de datos TIC.

Por el contrario la vocación móvil en las personas puede asimismo aumentar su deseo de partir hacia zonas peri-centrales o periféricas de la ciudad para buscar mejores oportunidades a las alternativas que ellos tienen en el lugar de origen cuando no se adoptan digitalmente las TIC y se actua por ignorancia. Debido a esto, ciertos antiguos residentes de los municipios centrales no habitan ya mas el centro dado que se han desplazado lejos de la ciudad favoreciendo la expansión de la misma, A pesar de esta desafortunada situación. para las personas que se han ido de la zona urbana central siempre existe la posibilidad del regreso a casa (a sus anteriores distritos, colonias, barrios) gracias una vez más a la eficiencia de las TIC y de sus bancos de datos socioeconómicos, ambientales, contextuales.

En la literatura se conoce a este tipo de movimiento como "regreso a la ciudad", comúnmente denominado "éxodo rural" que muchos investigadores, historiadores, geógrafos, antropólogos, sociólogos, ambientalistas,… actualmente promueven. De esta forma, las funciones de tipo operacional digital de las TIC ocupan un lugar importante en la concepción de un espacio urbano para transformarlo en uno mucho más humano, más compacto, menos extendido.

En relación a la vivienda, la encuesta muestra que el distrito en cuestión posee en este sentido un nivel aceptable. La mayoría de las mujeres y de los hombres entrevistados reportó que actualmente no existen problemas significativos de vivienda como en el caso de otros desprotegidos distritos centrales de México. En relación a un acceso a los servicios municipales, los porcentajes de respuesta han sido igualmente aceptables. La mayoría de las personas mencionó que Centro Histórico Poniente tienen acceso a los servicios necesarios para continuar su desarrollo. Aquí, los elementos ambivalentes vivienda / servicios prácticamente favorecen al proceso de re-densificación (holgada carga urbana). Esto significa el poder aceptar a nuevos inmigrantes – residentes de acuerdo a una mayor carga urbana objetiva y posiblemente también subjetiva (de convencer a la gente de hanitar ahí) dado que el lugar los admite en función de sus favorables límites físicos. En ese orden, se tendrá que identificar de forma cuantitativa más detallada el espacio disponible para ese movimiento demográfico (carga objetiva) así como la motivación y por lo tanto el deseo de permanecer o bien de regresar a la zona central de las personas que por el momento viven en zonas pericentrales o periféricas de la ciudad (carga subjetiva). De esa forma, se necesitarán proyectos – piloto como el que este estudio presenta para llegar a soluciones de re-densificación satisfactorias que puedan ayudar a reducir en cierta medida la actual expansión sin control del conglomerado.

Desde la perspectiva ahora del empleo, los resultados indican que las oportunidades terciarias abiertas en el centro han sido aceptables para ciertas personas, remplazando en cieta medida las posiciones de manufactura perdidas con el cambio de modelo económico como consecuencia del Tratado de Libre Comercio de América del Norte – TLCAN. Dichas oportunidades terciarias han sido discretamente capaces de satisfacer las aspiraciones de algunos de los residentes o recién llegados. En este contexto, se registraron en la encuesta significativas tasas de respuesta. A grosso modo, las personas se sienten modestamente satisfechas debido al incremento en las posibilidades de ese empleo terciario. Esto ha contribuido eficientemente a aumentar un poco la fuerza centrípeta del centro para desalentar lo mejor a la gente que desee explorar otras zonas de la ciudad.

De forma complementaria, las respuestas de la investigación de campo confirman que un porcentaje notable de personas trabajan fuera de casa (cuatro de cada diez mujeres y casi siete de cada diez hombres) pero dentro de la extensa zona central. Tener un empleo un poco más próximo a la casa en lugar de tenerlo en las zonas pericentrales o peor en las periféricas de la ciudad es siempre una ventaja desde todos los puntos de vista (tiempo, energía, contaminación, stress, etc.). Se ahorrarían así muchos de los distintos problemas ya enumerados que los largos desplazamientos les ocasionan tanto a los residentes mismos como al medio ambiente. El trabajo en casa o cerca de casa en donde las personas viven es una de las mejores fórmulas para reducir la expansión que representa un valor negativo al desarrollo de la vida y al mantenimiento de la ecología urbana.

Continuando con el análisis esta vez de educación, una tercera parte de las mujeres y casi la mitad de los hombres se encuentran a nivel universitario sino técnico. **Eso los convierte en buenos candidatos a una adopción más extensa de ordenamientos TIC, por lo que bien pudieran comenzar a aprovechar la revolución paradigmática que este trabajo enfatiza y**

promueve. Para llegar a este ideal, el espacio urbano disponible tendrá que transformarse en algo más humano y optimizado, (menos extendido, menores desplazamientos especialmente sin razón válida, posibilidades de disfrutar de más tiempo para explorar mejores relaciones sociales con familia y amigos, mejor rendimiento laboral, menor contaminación, etc.todos atributos antes mencionados).

En términos de actividad y salario, más de la mitad de las poblaciones femenina y masculina que participaron son empleados así como más de la mitad de las mujeres y casi la mitad de los hombres informaron ganar un sueldo medio. Esto es consistente con el nivel de educación universitaria reportado. Esas dos categorías de población pertenecen por tanto a una clase social media que es normalmente la clase con aspiraciones de progreso más significativas en el país. Las TIC pueden muy bien apoyar esta actitud proporcionando a las citadas poblaciones una plataforma técnica sobre la cual materializar sus aspiraciones para el beneficio de todo mundo (la persona misma, au familia, su contexto urbano, el medio ambiente, etc.).

En seguridad, la situación no es realmente mala. Según la encuesta la mitad de la población femenina y casi la mitad de la masculina se sienten en seguridad en Centro Histórico Poniente. Si tomamos en cuenta que hablamos del centro histórico, el más antiguo centro de la ciudad integrado por algunos de los más desprotegidos municipios o distritos de la aglomeración urbana, la seguridad reportada es ahí notable. En ese contexto si las necesidades de tipo social, económico, ambiental y contextual se encuentran satisfechas en determinado distrito / colonia, la seguridad se incrementa dramáticamente de forma casi natural. Así las situaciones no éticas de la zona central disminuirán en parte debido a la contribución con su conocimiento de las tecnologías de información y de comunicación TIC y de sus promovidos bancos de información.

Bajo ese ambiente, las buenas relaciones pueden florecer y convertirse socialmente en la base fundamental para el progreso permaneciendo siempre importantes en la vida de los humanos. En este espíritu, la encuesta confirmó que dos de cada tres mujeres y cuatro de cinco hombres participantes subrayaron que están satisfechos con la cercana relación que tienen con familia, amigos, vecinos y en general con las personas de la ciudad. Esto quiere decir que los residentes de Centro Histórico Poniente no ha perdido aún la escala humana a pesar de la influencia del enorme tamaño de la Ciudad de México. Las TIC muy bien pueden intervenir para incrementar aún más las acciones éticas de comunicación desde el punto de vista del intercambio electrónico de información entre residentes, mismo para hacer comentarios y chismes de forma cotidiana. El aislamiento, el confinamiento, la segregación la falta de una comunicación apropiada son acciones que no son éticas sino hasta peligrosas sobretodo para la salud mental (y hasta física) de los humanos. Un municipio, distrito o colonia compuesto por residentes segregados no es un lugar sano que pudiera encontrarse en todo buen desarrollo sustentable.

En ese panorama, el asunto del medio ambiente urbano (la calidad del aire, del agua, los árboles, los jardines, etc.), se integrarían localmente. Se puede así pensar que las personas gustan y disfrutan de la naturaleza, aman lo "verde", sobretodo el de la vegetación urbana que les recuerda de una forma automática a los bosques y detestan el "gris" del concreto de calles y avenidas. Los distintos colores, el aroma, las texturas, las flores, el pasto verde, etc., contribuyen eficientemente a que la vida recupere su dimensión humana. En ese orden, más de la mitad de los miembros del sexo femenino y masculino declararon que están satisfechos con la naturaleza que les rodea en Centro Histórico Poniente.

En esparcimiento y recreación para pasar un buen fin de semana en la ciudad, el acceso a una información "verde" por medio de las TIC, les proporcionaría una orientación igualmente "verde" a las familias lo cual sería posible si mejoramos los espacios destinados a tal actividad en el centro urbano. Un centro de este tipo atraería más a las familias que se menciona, convirtiendo al concepto de calidad de vida en una realidad al alcance de todos. Dicho concepto es muy popular en la literatura científica de hoy; es una gran preocupación de investigadores, planificadores, arquitectos, sociólogos, políticos, residentes y principalmente de los gobiernos. Ese concepto debe por lo tanto de mejorar siempre. De esta forma, la encuesta encontró que justo la mitad de las mujeres y casi la mitad de los hombres entrevistados están satisfechos con la calidad de vida de Centro Histórico Poniente.

Este resultado es asimismo sorprendentemente un buen indicador del desempeño ético de los programas puestos en marcha (a pesar de sus deficiencias) dada la insuficiente satisfacción expresada por las poblaciones residentes con la forma de gobernar esta área de estudio por el gobierno socialista. Alrededor de cinco de diez mujeres residentes se sienten regularmente satisfechas con la administración del gobierno actual mientras que tres de diez hombres se sienten igual de satisfechos. Una probable explicación de la aparente "contradicción" entre los conceptos de calidad de vida y administración reportados por las personas puede radicar en la falta de congruencia de los anteriores programas de revitalización y las nuevas disposiciones administrativas las cuales no han sido todo lo ético que se espera desde el punto de vista del deseo de los residentes según la información proporcionada por esta encuesta la cual se condujo durante 2019 – 2020.

Por lo que toca a las variables de transporte y de tiempo de traslado, la situación es muy clara. Por un lado la gente del área de estudio indicó su preferencia por utilizar el transporte público, en donde el metro bien puede ser el más favorecido para desplazarse de un lugar a otro de la ciudad debido all gran volumen de usuarios que diaro maneja, Por otro, el excesivo tiempo de desplazamiento ha sido señalado también por los residentes que han expresado su insatisfacción con el mismo. La mitad de las mujeres y prácticament4e dos terceras partes de los hombres muestran esa insatisfacción la cual es compensible si se toma en cuanta el tremendo tamaño de la ciudad que cada vez es más grande. Optimizar en lo que cabe lo más posible ese tiempo de traslado por medio de una información más precisa de la red de transporte (seleccionar el mejor recorrido para ir de un punto "A" a un punto "B", los horarios de partida y llegada al destino, los probables retrasos en el servicio, etc.) es factible con TIC.

El conjunto de variables utilizadas en el estudio expone la libre voluntad de los residentes de permanecer en dicho centro histórico o bien de mudarse a otra parte. En el cuadro de un posible **cambio de residencia, alrededor de la mitad de la población fmenina y más de la mitad de la masculina no contemplaban ningún cambio de residencia durante las entrevistas. La probabilidad de contribuir al fenómeno de expansión urbana en este lugar es por lo tanto baja.** En este último caso las tecnologías de información y de comunicación sin duda podrán del lado ético apoyar la opinión popular según la cual Centro Histórico Poniente le ofrece todavía a la gente oportunidades tanto presentes como futuras de habitación y servicios muy razonables para no mudarse del lugar.

En el estricto sentido del desarrollo sustentable y de la optimización y por tanto de reciclaje de espacios centrales que están ya construidos, el deseo de mudarse a la periferia no es considerado en este trabajo como algo ético sino mas bien todo lo contrario en función del problema actual de extensión incontrolable de grandes y muy pobladas ciudades con asentamientos excesivamente esparcidos. Existen ciudades – metrópolis mundialmente conocidas (México) que no pueden realmente controlar dicho fenómeno, equilibrándolo con un crecimiento central, (si es que este último existe) de forma significativa. Al respecto aquí se piensa que la adopción y utilización de las tecnologías de información y de comunicación promovidos pueden eficientemente seguir orientando y administrando aún mejor a los diferentes movimientos demográficos centro > periferia informando sobre las ventajas y desventajas de cada desplazamiento.

El Centro Histórico Poniente analizado por un sistema informático TIC de tipo SPSS (*Statistical Package for Social Science*), ha demostrado que esta zona se presenta como viable y muestra elocuente para continuar con el proceso de re-densificación demográfica de acuerdo a su capacidad de cargas urbanas objetiva y subjetiva del distrito / colonia. La encuesta confirma lo anterior al indicar que el espacio geográfico tratado se trata en cierta medida de una zona de atracción y no de completo rechazo urbano en donde los residentes son mucho más sedentarios que en otras zonas centrales de la ciudad. Después de haber verificado la carga urbana admisible (objetiva en función de las instalaciones aún disponibles), la zona puede muy bien aumentar su capacidad de carga esta vez subjetiva, (nuevo concepto en la literatura científica actual) en función de las opiniones que se obtuvieron de los habitantes – residentes principalmente en términos de permanencia (actual voluntad libre de los residentes de aeguir habitando Centro Histórico Poniente).

En función de todos esos resultados se reconoce que los programas de revitalización instrumentados en el distrito por las iniciativas pública y privada de forma general han funcionado aceptablemente hasta la fecha para el beneficio colectivo de los habitantes del mismo. Las respuestas recibidas representan un discreto éxito de los programas implementados a pesar de la falta de una mayor disponibilidad de bancos de aplicación TIC en su momento como se indica en una gran ciudad como lo es México caracterizada por su **tradicional lentitud de atención e ineficiencia de coordinación entre distintos niveles de gobierno.** Las respuestas de campo son también coherentes con el sentimiento de apego y pertenencia local que es importante en el marco local de la idiosincracia urbana. Así los procesos de re-densificación que se den en olas migratorias en el tiempo, seguiran el señuelo de atracción del distrito tratado.

Por el momento sea lo que sea, tanto los antiguos residentes en el lugar como los probables recién llegados pueden tener la posibilidad en el contexto de una ciudad inteligente de usar más las TIC en el futuro en un contexto de una planificación más ética, rápida y eficiente que persiga el bienestar de los humanos en lugar de una planificación no ética que persoga únicamente la búsqueda económica. Esta última "planificación" no se ocupa de la calidad de vida de la gente, de la creación de empleos locales, de la condición de los servicios locales, de las condiciones de seguridad, del costo de la vida, de los niveles de contaminación de toda clase (ambiente, atmósfera, visual, auditiva, etc.), del desempeño del gobierno local en relación a su nivel de eficiencia, del acceso a servicios de toda índole, etc. Bajo una situación ética se motivarán mejor las acciones locales que inviten a los residentes al sedentarismo y al desarrollo sustentable de su ciudad. Las TIC pueden en ese contexto no solo bien orientar tales acciones sino adicionalmente distinguir claramente lo ético de lo no ético en función del fenómeno de expansión hablado.

Sin embargo **¿qué posibilidades existen en la vida real para una adopción TIC?** Por medio de este proyecto – piloto, la encuesta ha permitido igualmente confirmar en general que la vivienda continúa desempeñando un papel de primer orden sobre un asentamiento humano dado, incluso sobre la probabilidad de una adopción tecnológica de información y comuniación TIC por el mismo.

En este sentido, es posible afirmar por ejemplo que el tipo y calidad de la vivienda en México y en otras ciudades, normalmente puede indicar la probabilidad de adopción digital en un determiando distrito / colonia. El tipo y calidad de vivienda es en muchos casos equivalente al nivel socioeconómico (cultural, educativo, ingreso) de los residentes en turno. En el anexo gráfico de este estudio, la foto 1 muestra a un rascacielos de oficinas cuyos directores, gerentes y empleados dada la índole de su trabajo pueden ser màs susceptibles de utilizar computadoras para laborar. Similarmente la vivenda que las fotos 2, 4, 6, 7 y 9 indica que los residéntes de esos lugares muy posiblemente pertenecen a la clase media o media alta con rescursos y educación universitaria suficientes que les permite comprender mucho mejor los beneficios TIC y así eventualmente adoptar la tecnología digital propuesta mucho más que en las fotos 3, 5, 8 y 10 en donde la vivienda es pobre y va acompañada de un notorio decaimiento socioeconómico en algunos de los distritos centrales de la ciudad.

Bajo esa perspectiva, Centro Histórico Poniente es un buen candidato para impulsar una mayor adopción de ordenamientos TIC. **Según la encuesta realizada, Centro Histórico en su Sector Poniente analizado por este trabajo es susceptible de tal adopción dado que el nivel aceptable de vivienda que ahí existe en este revitalizado distrito asimismo lo confirma. Esa vivienda es proxy y buen indicador del nivel socioeconómico, ambiental y contextual que ahí impera en términos minimamente de cultura / educación local (vocación más profesional distinto a la vocación obrera de otros sectores). Ese nivel aunado a lo digital se convierte así en compañero fiel de una ciudad inteligente. Este distrito es igualmente representativo de otros con una vocación profesional equivalente en la ciudad por lo que proporciona una idea de las posibilidades existentes de una eventual adopción digital por otros segmentos de población. Una ciudad con suficiente cultura y educación digital = una ciudad inteligente.**

El análisis de los datos del trabajo de campo y sus resultados informan que el segmento demográfico del Sector Poniente que muestra una mayor probabilidad de aceptación TIC es definitivamente al masculino que es el que diariamente tiene que desplazarse de un punto "A" a uno "B" de la gran ciudad sufriendo todo tipo de inconveniente tanto físicos (cansancio) como sicológicos (stress). Colaterlamente según el perfil socioeconómico, ambiental y contextual, el segmento de población que la investifgación identificó como ideal candidato a trabajar con la tecnología TIC ha sido lógicamente también el de la población masculina dado que alrededor de un 70% de los entrevistados trabajan fuera de casa, casi el 50% se

encuentra a nivel universitario sino técnico y más del 50% son empleados.

La asociación cultura / educación digital puede asimismo reducir significativamente las dificultades de esa adopción evitando lo mejor, las consecuencias altamente negativas para la vida urbana como la segregación la cual daña significativamente a las personas. Estos daños sicológicos son los que más duran en la vida de los humanos. En el contexto de este trabajo, lo que se desear a final de cuentas es de resaltar lo pertinente de promover una revolución paradigmática de desarrollo urbano y sustentable en las grandes ciudades. Sería un gran riesgo (humana y ambientalmente) para la supervivencia de todo el planeta de seguir permitiendo que las grandes ciudades de la actualidad continúen creciendo al acelerado ritmo de hoy consumiendo sin detenerse y de forma indiscriminada la biodiversidad que el hábitat ecológico de bosques y especies todavia le ofrece al conjunto de la humanidad y seres vivos.

Una ciudad inteligente es una ciudad que conoce sus límites, que conoce como equilibrar su crecimiento con el contexto natural. Así de la misma forma en que las ciudades del silgo XX han hábilmente manejado (utilizando para tal fin a las tecnologías disponibles en su momento) su crecimiento exterior, de esa misma forma se desea que las ciudades modernas del siglo XXI denominadas en esta obra como inteligentes, puedan garantizar un desarrollo urbano más sustentable, más ético, más ecológico utilizando igualmente para tales propósitos a las tecnologías disponibles de hoy. Paralelamente, que ellas puedan adoptar una nueva configuración urbana para mejorar la vida de las generaciones presentes y futuras con objeto de incrementar las perspectivas de esa misma supervivencia.

La Ciudad de México ha comenzado así sin duda su incorporación al mundo dogital del siglo XXI faltandole aún mucho por hacer todavía en este sentido. Dicha incorporación se espera que le sirva a resolver entre otros su problema endémico:de lograr una mejor y más adecuada coordinación entre distintos niveles de gobierno y administración tanto pública como privada para mejor tratar su expansión sin conttrol.

ANEXOS CUESTIONARIO Y GRAFICO

"Una Ciudad Digital en el siglo XXI: ¿México?

Estudio de campo 2019 / 2020 en la Ciudad de México.

Número de Cuestionario ______   Colonia ________   Barrio _____

A. IDENTIFICACIÓN DEL ENTREVISTADO(A)
PERFIL SOCIAL

1. Sexo : masculino _________   femenino _________

2. Edad: 15-29 años_____   30-49 ____ 50-64 ____   65 et + _____

3. E. civil: soltero _____   casado/ ____ separado/____   viudo _____
    u.libre   divorciado

4. Hogar : 1 persona_____   2 pers_____ + de 2 ______   + 2 pers-____
    (Usted)   (Usted ׀ pareja) (Usted+hijos)   (Udpareja,hijos)
    + 2 pers_-_____   + 2 pers_____
    (Ud..+ padres)   (Ud. + amigos)

5. Educación primaria____   secundaria___ técnica______   universidad __

PERFIL ECONÓMICO

6. Actividad: asalariado __   independiente_ jubilado ___   sin trabajo___

7. Ingreso: s/ingreso_____   bajo ________ promedio__   alto ________

8. Lugar trabajo: casa___   centro______   colonia______

PERFIL AMBIENTAL

9. Régimen : propietario :__   inquilino ____

10. Vivienda: casa__________   apto______   otro(móvil)__

11. Transporte. auto/taxi ___   bicicleta__   caminar_____   público______
    (preferido)

12. Residencia - 5 años____   5 y 10___   + de 10_____
    (vivienda)

13. Residencia - 5 años___   5 y 10___   + de 10____
    (colonia)

14. Residencia centro___   barrio___   colonia ___   otro________
    (vivienda)   (mismo)   (misma)

15. Residencia ninguna__   poca ___   regular____   alta________
    (voluntad libre
    permanencia)

    muy alta __________

B. IDENTIFICACIÓN DEL MEDIO URBANO
PERFIL DEL CONTEXTO

I. Explicación del concepto de Ciudad Inteligente

II. Criterio (por favor, sírvase marcar solamente una respuesta).

¿Mantiene usted una relación cercana con sus familiares, sus amigos, sus vecinos, las personas de la ciudad aquí?

      1. Sí;   2. mas o menos;   3. no.

¿Vive usted en seguridad aquí?

      1. Sí;   2. mas o menos;   3. no.

¿Está usted bien instalado (vivienda) aquí?

    1. Sí;   2. mas o menos;   3. no.

¿Tiene usted un buen acceso a todos los servicios (mercados, agua potable, electricidad, alcantarillado, transporte, banquetas, etc.) que necesita aquí?

    1. Sí;   2. mas o menos;   3. no.

¿Está usted satisfecho con la naturaleza circundante (calidad del aire, del agua, árboles y jardines, etc.) aquí?

    1. Sí;   2. mas o menos;   3. no.

¿Está usted satisfecho con las posibilidades de empleo de aquí?

    1. Sí;   2. mas o menos;   3. no.

¿Está usted satisfecho con el tiempo que le toma para desplazarse de un lado a otro dentro de la ciudad aquí?

    1. Sí;   2. mas o menos;   3. no.

¿Está usted satisfecho con la forma de gobernar (la administración) de aquí?

    1. Sí;   2. mas o menos;   3. no.

¿Está usted satisfecho con la calidad de vida de aquí?

    1. Sí;   2. mas o menos;   3. no.

¿Le gustaría a usted mudarse de aquí?

    1. Sí;   2. mas o menos;   3. no.

En caso afirmativo, ¿a dónde le gustaría a usted mudarse de aquí?

    1. al centro; 2. a otra zona de la ciudad; 3. a la periteria.

Foto 1. Ciudad de México. Centro-Histórico Poniente.

Foto 2. Ciudad de México. Suburbio Poniente.

Foto 3. Ciudad de México. Centro-Histórico Oriente.

Foto 4. Ciudad de México. Suburbio Poniente.

Foto 5. Ciudad de México. Centro-Histórico Oriente.

Foto 6. Ciudad de México. Suburbio Poniente.

Foto 7. Ciudad de México. Suburbio Poniente.

Foto 8. Ciudad de México. Centro-Histórico Oriente,

Foto 9. Ciudad de México. Suburbio Poniente,

Foto 10. Ciudad de México. Suburbio Oriente,

BIBLIOGRAFÍA

AGUILAR, A.G, GRAIZBORD, B., y SANCHEZ, A., (1996), *Las ciudades intermedias y el desarrollo regional en México,* México, Consejo Nacional para la Cultura y las Artes, Instituto de Geografía – Universidad Nacional Autónoma de México – UNAM, El Colegio de México, pp.32, 33.

ALEXANDER, D., y TOMALTY, R., (2002), *Small growth and sustainable development: challenges, solutions and policy directions,* Local environment 7 (4), pp.397-409.

ANDERSON, W.P., KANAROGLOU, P.S., y MILLER, E.J., (1996), *Urban form, energy, and the environment: a review of issues,* Urban Studies 33 (1), pp.7-35.

ANDRADE NARVAEZ, J., y GALSIM, J., (1993), *Estudio de caso: regeneración urbana en la Zona Sur de la Alameda Central, Ciudad de México,* México, Arquitectura Urbana, Diplomado México – Estados Unidos, UAM – Xochimilco, México.

ANDREWS, C. J., (2001), *Analyzing Quality of Place,* Environment and Planning B: Planning and Design, United Kingdom, Pion Publications.

ARIZA, M. y RAMÍREZ, J.M., (2004), *Urbanización, mercados de trabajo y escenarios sociales en el México finisecular,* working paper 04 – 04f.2, Princeton University, New Jersey, pp.299 – 361. 260

ARIZA, M., y SOLIS. P., (2009), *Dinámica socioeconómica y segregación espacial en tres áreas metropolitanas de México, 1990 y 2000,* Estudios Sociológicos 27, pp.171-209.

ASSOCIATION FRANÇAISE DE NORMALISATION – AFNOR, (2012), *Aménagement durable des quartiers d'affaires,* projet de norme no. P 14-010-1, la Pleine Saint – Denis, France,.

BANCO MUNDIAL, (2010), *Cities and climate change; An urgent agenda,* Washington. DC., Banco Mundial,.

BARCELÓ, M. y TREPANIER, M.O. (1999), *Les indicateurs d'ètalement urbain et de développement durable en milieu métropolitain,* Observatoire métropolitaine de la région de Montréal, Québec, Cahier, 99 – 06, pp. 1 – 51.

BARCOMB, D., Office Automation. (1989), *A Survey on Tools and Technology,* Digital Equipment Corporation.

BASSAND M., KAUFMANN V. y JOYCE D., (2007), *Enjeux de la sociologie urbaine,* Lausanne : Presses polytechniques et universitaires romandes, 411p.

BAUM, A., y PAULUS, O., (1987), *Crowding* en STOKOLS, D., y ALTMAN, I., (éditeurs) Handbook of environmental psychology, New York, Wiley, pp. 533 – 570.

BEAUREGARD, C. (1995). Compte rendu de [*Années 40: Ombre et lumières. Quatre capitales emblématiques*]. Bulletin d'histoire politique, 4 (1), pp.89–90. https://doi.org/10.7202/1063520ar

BENALI, K. (2013), *La densification urbaine dans le quartier Vanier: germe d'un renouveau urbain ou menace pour le dernier îlot francophone de la capitale canadienne?* Cahiers de géographie du Québec, 57 (160), pp. 42-43. https://doi.org/10.7202/1017804ar 261

BERGER M., (2014) *Sociologie de la ville* - Cours n°1 - *De l'École de Chicago à l'École de Los Angeles - I. Naissance de l'écologie urbaine,* Urban Studies, Urban Sociology, Sociologie Urbaine, 49p.

BERQUE, A., (2010), *The rural, the wild, the urban,* https://shs.cairn.info › article › E_ETRU_187_0051›pdf

BIBLIOTECA VIRTUAL : *L'industrialisation et ses conséquences...* www.alloprof.qc.ca › pages, Consultado el 15/05/2020.

BLACK, J., (1996), *The Economics of Sprawl,* Urban Land, Marzo, pp.52 – 53.

BLOUIN C., ROBITAILLE E., LE BODO Y., DUMAS N., DE WALS P. y LAGUË J., (2017), *Aménagement du territoire et politiques favorables à un mode de vie physiquement actif et à une saine alimentation au Québec,* Lien social et Politiques Numéro 78, p. 19. Aménagement du territoire et politiques favorables... - Érudit www.erudit.org › revues › lsp › 2017-n78-lsp03015.

BOURDEAU-LEPAGE, L. (éd.), (2012), *Regards sur la ville. Préface d'Antoine Bailly*, Paris : Economica-Anthropos, p. 2 ;

BOURNE, L.S., (1982), *The inner city: the changing character of an area under stress,* en CHRISTIAN, CH. M. y HARPER, R.A., Modern metropolitan systems, Bell & Howell, Columbus, Ohio, USA.

BOYKO, C. y COOPER, R., (2011), *Clarifying and re-conceptualizing density*, Progress in Planning 76(1), p.4. 262

BRADETTE M.*Les impacts de l'étalement urbain | Toi et moi | Le Quotidien,* www.lequotidien.com › toit-et-moi › les-impacts-de-l'étalement-urbain,

BRUNDTLAND, G.H. *Our common future*, (1987), United Nations World Commission on Environment and Development - WCED, Oxford University Press, New York, N.Y, USA.

BURBAGE F., (2013), *Philosophe du développement durable: Enjeux critiques*, Paris : PUF, Online.

BUTTENHEIM, H. S. y CORNICK, P. H., (1938), *Land Reserves for American Cities,* The Journal of Land and Public Utility Economics, University of Wisconsin press, USA, vol. 14, no. 3, pp.254 – 265.

CHAN, Y. K., (1998)*, Density, crowding and factors intervening in their relationship: evidence from a hyper – dense metropolis,* Social Indicators Research 48, pp.103-124.

CHAVEZ GALINDO, A.M., (1999), *La nueva dinámica de la migración interna en México 1970 – 1990,* México, Centro regional de investigaciones multidisciplinarias, Universidad Nacional Autónoma de México – UNAM, pp. 228-229.

CHENG, A.K.C., (2012), *The blame game: how colonial legacies in Hong Kong shape street vendor and public space policies,* MA. thesis, Urban studies and planning, Massachusetts Institute of Technology, USA.

CHURCHMAN, A., (1999), *Disentangling the concept of density*, Journal of Planning Literature 13 (4).

CLARK, C, (1940), *The Conditions of Economic Progress*, McMillan, London.

CLARK, N.M., (2000), *Understanding individual and collective capacity to enhance quality of life,* Health, Education, and Behaviour, vol.27, Sage Publications, pp.699-707. 263

CLICHE, D., P. TURMEL y S. ROCHE, (2016), *Les enjeux éthiques de la ville intelligente : données massives, géo-localisation et gouvernance municipale,* Ethica 20 (1), pp.223-248.

COMMISSION DE L'ÉTHIQUE EN SCIENCE ET EN TECHONOLOGIE, (2018), *La ville intelligente au service du bien commun.. Lignes directrices pour allier l'éthique au numérique dans les municipalités au Québec,* Ministère de l'emploi et de la solidarité sociale, Québec, 109p.

COMMISSION INDEPENDANTE SUR LA POPULATION ET LA QUALITÉ DE VIE, (1998), *Saisir l'avenir,* Economica, Paris, France,.

CONAVI (Comisión Nacional de Vivienda), (2014), *Sistema Integrado de Información Geográfica SIG 3.0.*

CONSEIL CANADIEN DES NORMES – CCN, (11 octubre 2017), *Des villes plus intelligentes grâce au leadership canadien,*.

CONSEJO NACIONAL DE POBLACIÓN – CONAPO, (1977), *Encuesta nacional de migración en àreas urbans – ENMAU,* Consejo Nacional de Población – CONAPO, México, Online.

COUCH et al, *Policy Types concerning Urban Sprawl,* https://www.researchgate.net

CUTTER, S. L., *Rating places : a geographer's view on Quality of Life,* (1985), citado en BATES, J., MURDIE, R.A. y RHYNE, D., *Monitoring Quality of Life in Canadian communities: a feasibility study,* Institute for Social Research York University, Toronto, 1996.

DAVE, S., (2010), *High urban densities in developing countries: a sustainable solution?,* Built Environment 36(1), pp.9-27.

DE ROO, G. y MILLER, D., (2005), *Urban Environmental Planning: policies, instruments, and methods in an international perspective,* Routledge, 309p.

DE SINGLY F., (2008). *Sociologie urbaine*, Paris, Collin, 264

DEDIJER S., (1984), *Au-delà de l'informatique, l'intelligence sociale,* Stock, Paris,

DELGADO, J.. (1991), Centro y periferia en la estructura socioespacial de la Ciudad de México, en SCHTEINGART, M, *Espacio y vivienda en la Ciudad de México,* México, COLMEX, pp.86-87.

DEMPSEY, N., BROWN, C., y BRAMLEY, G., (2012), *The key to sustainable urban development in UK cities? The influence of density on social sustainability*, Progress in Planning 77(3).

DONALD, B., (2001), *Economic competitiveness and quality of life in city regions: compatible concepts?,* en RANDALL, J.E., y WILLIAMS, A.M., Urban quality of life. An overview, Canadian Journal of Urban Research, 10 (2), Institute of Urban Studies, University of Winnipeg, Canada.

DORAN, M.A, (2014), *Démystifier les villes et les communautés intelligentes,* Le Sablier 21(1), pp.20-29

DUPUIS – DÉRI F, (1994), *Qu'est-ce que la démocratie?* Esthétiques et sociétés Volumen 5, numéro 1, p.90, Qu'est-ce que la démocratie? – Érudit, www.erudit.org › revues › hphi › 1994-v5-n1-hphi3180

DOUAY N. y HENRIOT C, (2016) /3, *La Chine à l'heure des villes intelligentes,* L'Information géographique Vol.80, pp.89-102.

DURKHEIM E., (2007), *De la division du travail social*, Paris : PUF.

ÉDITIONS LAROUSSE, Dictionnaire Larousse de Langue Française, https://www.larousse.fr/dictionnaires/francais/desarticulation/

ÉLIE, M., (2001), *Le fossé numérique, l'internet facteur de nouvelles inégalités?*, Problèmes politiques et sociaux (861), pp.33-38.

ESQUIVEL, M.T., y VILLAVICENCIO, J., (1995), *Zona Metropolitana de la Ciudad de México. Situación actual y perspectivas,* en ORTEGA SALAZAR, S., Grandes Ciudades, III Jornadas de Estudios Geográficos Iberoamericanos, UAM – Azcapotzalco, México.

Éthique et développement durable, (2010), Paris: L'Harmattan,.

Études de cas sur la densification résidentielle - Bibliothèque ...biblio.uqar.ca › archives.
EUROSTATS URBAN AUDIT (2018), *Eurostat Regional Yearbook chapter 13 Focus in european cities* https://ec.europa.eu/eurostat/web/cities/publications consultado el 15/05/2019

EVANS, G.W., y COHEN, S., (1987), *Environmental stress* en STOKOLS, D., y ALTMAN, I., (éditores) Handbook of environmental psychology, N.Y., Wiley, pp.571-610.

FARVAACQUE, C. y McAUSLAN, P., (1992), *Reforming urban land policies and institutions in developing countries,* Vol.5 World Bank Pubs.

FIJALKOW Y., (2007), *Sociologie de la ville*, Paris : La Découverte.

FIJALKOW Y., (2013), *Sociologie des villes*, 4e éd., Paris, La Découverte « Repères ».

FIJALKOW, Y., *Sociologie des villes* - Yankel Fijalkow | Cairn.info,www.cairn.info   ›   sociologie-des-villes—9782707177056, Consultado el 13/05/2020 266

FLEMING, I., et al, (1987), *Social density and perceived control as mediators of crowding stress in high-density residential neighbourhoods,* Journal of Personality and Social Psychology volumen 52, pp.899 - 906.

FONTAN J.-M., (2012), *Ville et conflits : action collective, justice sociale et enjeux environnementaux,* Québec : Presses de l'Université Laval, Québec, Online.

FORTIER, P., (2015), *Qu'est-ce qu'une ville intelligente et comment la recherche peut-elle appuyer son développement?* Québec.

FREESTONE, R. y WHEELER, A., (2015), *Routledge Handbook of Planning for Health and Wellbeing* (Integrating Health into Town Planning. A History - chapter) London.

FREY, P. J., (2003), *Prolégomènes à une histoire des concepts de morphologie sociale et de morphologie urbaine,* Montréal.

GEHL J., (2012), *Pour des villes à l'échelle humaine. Préface de Jean-Paul Lallier.* Traduit de l'anglais par Nicolas Calvé. Les Éditions Écosociété.

GEOHISABELCD, https://geohisabelcd.wordpress.com/2012/06.

GOBIERNO DEL DISTRITO FEDERAL – GDF, *Programa general de desarrollo urbano 2003 – 2006,* GDF, México.

GOBIERNO DEL DISTRITO FEDERAL, *Programa de rescate centro-histórico* www.centro.historico.df.gob.mx, Consultado el 18/01/2020.

GHORRA-GOBIN, C., (2004), *L'Étalement de la ville americaine. Quelles réponses politiques?,* Éditions Esprit, 303(3/4), pp. 145 – 159.

GRACIA SAIN, M.A., (2004), *El poblamiento de la zona metropolitana de la Ciudad de México: análisis y empleo de una tipología explicativa,* tesis de doctorado en sociología, México, El Colegio de México, p.267.

GRAFMEYER, Y. y JOSEPH, I., (1979), *L'École de Chicago.* Textos traducidos y présentados por Yves Grafmeyer e Isaac Joseph, Paris : Éditions Champ Urbain, p. 234.

GURSTEIN, PENNY, (1994), *Housing and Urban Design,* Telework'94 Symposium, Toronto.

HAMM, V. M., (hiver 2015), *Communautés intelligentes: Les municipalités québécoises emboîtent le pas,* Urbanité pp.29-30.

HAMMAN P., (2012), *Sociologie urbaine et développement durable*, Bruxelles: De Boeck Supérieur, Online.

HANSSON, S. O., (2013), *The ethics of risk: ethical analysis, an uncertain world,* New York, Pelgrave and Macmillan, 172 p.

HATT et al, (2004), *The influence of urban density and drainage infrastructure on the concentrations and loads of pollutants in small streams,* Environmental Management 34(1), pp.112-124.

HITCHCOCK, J.R., (1994), *A primer and the use of density in Land Use Planning,* Toronto, University of Toronto, Centre for Urban and Community Studies, Papers in Planning and Design, no.41.

HOLDEN, E., y NORLAND, I.T., (2005), *Three challenges for the compact city as a sustainable urban form: household consumption of energy and transport in eight residential areas in the Grater Oslo Region*, Urban Studies Journal, 42 (12), pp.2145-2166.

HOLEINDRE J.-V. y RICHARD B., (2010), *La Démocratie: Histoire, Théories, Pratiques*, Auxerre: Éditions Sciences humaines, p.5.

HOLMAN et al, (2914), *Coordinating density: working through conviction, suspicion, and pragmatism,* Progress in Planning, pp.30. 268

HOORNWEG, D. y POPE, K., (2014), *Socioeconomic pathways and regional distribution of the world's 101 largest cities,* Global Cities Institute. Toronto.

301

HUSSERL E. (trad. Mlle Gabrielle Peiffer, Emmanuel Levinas), (1986), *Méditations cartésiennes: Introduction à la phénoménologie*, J.VRIN, coll. « Bibliothèque des textes philosophiques », 136 pàginas..

INDEXMUNDI, https://www.indexmundi.com

INSTITUT TECHNOLOGIES DE L'INFORMATION ET SOCIÉTÉ, (2012), *«Villes intelligentes : un bref survol»* Site de l'ITIS, https://www.itis.ulaval.ca/files/content/sites/itis/files/fichiers/Survol_VI.pdf Consultado el 19/05/2015.

INSTITUTO DE VIVIENDA DEL D.F., - INVI, (2008), *Créditos otorgados por modalidad de programa,* www.invi.df.gob.mx junio 30, 2008, Consultado el 28/02/2020.

INSTITUTO NACIONAL de ESTADÍSTICA, GEOGRAFÍA e INFORMÁTICA – INEGI, (1984), *X censo general de población y vivienda 1980. Distrito Federal,* México.

INSTITUTO NACIONAL de ESTADÍSTICA, GEOGRAFÍA e INFORMÁTICA – INEGI, (1991). *XI censo general de población y vivienda 1990. Distrito Federal,* México, p.269.

INSTITUTO NACIONAL de ESTADÍSTICA, GEOGRAFÍA e INFORMÁTICA – INEGI, (2000), *XII censo general de población y vivienda, 2000, Distrito Federal,* México.

INSTITUTO NACIONAL de ESTADÍSTICA, GEOGRAFÍA e INFORMÁTICA – INEGI, (2002), *Cuaderno estadístico de la Zona Metropolitana de la Ciudad de México,* México.

INSTITUTO NACIONAL de ESTADÍSTICA, GEOGRAFÍA e INFORMÁTICA – INEGI, (2005), *II Conteo de población y vivienda 2005. Distrito Federal,* México.

INSTITUTO NACIONAL DE ESTADÍSTICA, GEOGRAFÍA e INFORMÁTICA – INEGI, (2010), *Programa de modernización y vinculación del Registro Público de la Propiedad y el Catastro.*

IRWIN, N, (1994), *Telework: A vital link to transportation energy, and the environment,* Telework'94, Toronto, ON., Canada.

JACKSON, R. J., y KOCHTITSKY, C., (2001), *Creating a healthy environment,: the impact of the built environment on public health,* Washington, D C., Sprawl Watch Clearinghouse Monograph Series.

JONAS H, (1990(, *Le principe responsabilité,* Paris, Le Cerf.

KANT E, (2011), *Fondements de la métaphysique des moeurs,* trad. Victor Delbos. Paris, LGF.

KROB D., (2009), Éléments d'architecture des systèmes complexes, [en "Gestion de la complexité et de l'information dans les grands systèmes critiques", A. APPRIOU, Ed.], CNRS Éditions, pp.179-207.

LABORDE, P., (2000), *Les espaces urbains dans le monde*, 2. éd., Paris, Nathan, p.270

La nouvelle révolution urbaine: Quand les Villes deviennent intelligentes... www.challenge.ma › la-nouvelle-revolution-urbaine-quand-les-villes- ..Consultado el 14/05/2020.

La ville intelligente: état des lieux et perspectives en France, Études et Documents n° 73 CGDD 3

La ville intelligente: mirage ou innovations technologiques www.mbadmb.com › ville-intelligente-mirage-innovations- technologi...Consultado el 14/05/2020.

Le moment libéral et sa critique: pour un retour... – Érudit, www.erudit.org › revues › 2007-v38-n2-ei1777

LE PARISIEN http://dictionnaire.sensagent.leparisien.fr

LECOURT D. (Dir.), (2006), *Dictionnaire d'histoire et philosophie des sciences*, Paris : QUADRUGE/PUF.

LEHMAN, & ASSOCIATES, (1995), *Density as an indicator of urban form,* Neptis Foundation, Toronto, pp.8-10.

LEVÉE, V., (agosto-septiembre 2014), *Le génie logiciel, ciment de la ville intelligente,* Plan pp.50-52.

LEVINAS, E., (1982), *Ethique et infini*, (dialogues d'Emmmanuel Levinas et Philippe Nemo) (Fayard).

LEVINAS. E., (1998), *L'Ethique comme philosophie première* (Rivages).

LONDON SCHOOL OF ECONOMICS, (2006), *Density – a debate about the best way to house a growing population,* London, LSE.

LOO, C., y ONG, P., (1984), *Crowding perceptions, attitudes, and consequences among the chinese,* Environment and Behavior 16(1), pp. 55 - 87.

LOUISET O., (2011), *Introduction à la ville*, Paris : Armand Colin,189 p.

LOULI J., *Max Weber, La ville,* (2014), Lectures [En ligne], Les comptes rendus, 2014, mis en ligne le 26 décembre 2014, Consultado el 21 mayo 2018. URL : http://journals.openedition.org/lectures/16572.

LUSSAULT, M., (2013), *L'Avènement du monde. Essai sur l'habitation humaine de la terre.,* Seuil, Paris.

MANSHADEN, W. y DE SCHMIDT, M., (1992), *The northern wing of the Randstadt: suburbia versus the city in the Netherlands*, Netherlands Journal of Housing and the Built Environment 7 (?), pp.179 – 192.

MARTINEZ, A. (octubre 11 2006), *Ebrard anuncia cambios al Bando Dos,* El Universal, México, A4, p.5.

MARTINEZ, H. y MACIAS, J., (2009), *México: estudio de disminución de emisiones de carbono (MEDEC),* CTS EMBARQ, México.

MASCOLO S., (1994), *L'étalement urbain comme phénomène géographique : l'exemple de Québec.* Cahiers de géographie du Québec, 38 (105), pp.261–300. https://doi.org/10.7202/022451ar

MASLOW, A., (1943), *A theory of human motivation,* Psychological Review 50, pp.370-396.

McKITTRICK, M., (1994), Confessions of a Teleworker, *Telework'94 Symposium,* Toronto, p.272

MESURE S. y SAVIDAN P. (Dir.), (2006), *Le Dictionnaire des sciences humaines,* Paris : QUADRUGE/PUF, pp.1218-1223 (ville).

MEIJER A. y BOLIVAR M. P. R., (2016/2), *La gouvernance des villes intelligentes. Analyse de littérature sur la gouvernance urbaine intelligente,* Revue Internationale des Sciences Administratives volumen. 82, pp.417 - 435.

MINCKE C. y HUBERT M., (2011), *Ville et proximité,* Facultés Universitaires Saint-Louis, Bruxelles.

MONTOLIU, P., (28 de junio, de 1981),, *La zona noroeste de Madrid puede quedar congestionada en pocos años,* El PAÍS, Madrid, España, https://elpais.com Consultado el 04/08/2018.

MORIN E., (2004), *La méthode.6.Éthique*, Paris: Éditions du Seuil, p. 210.

NEWMAN, P., y KENWORTHY, J., (1991), *Transport and urban form in 32 of the world's principal cities,* Transport Reviews 11(3), pp.249-272.

NGOY, K., (2006), *L'Afrique de la tyrannie régnante : Ethiologie de la régression,* Muhoka Ottawa, 275.

NUFRIO, A.V., y FERNANDEZ GUELL, J.M., (2018), *La última frontera Hong Kong, SAR, China,* Ciudad y Territorio, Estudios Territoriales, CyTET, vol. I, (196),.273

ORDRE DES ARCHITECTES DU QUÉBEC, (Hiver 2019-2020), *Villes denses, lieux d'échanges,* | Vol. 30 no 4 | Éditorial.

ORGANIZATION FOR ECONOMIC CO-OPERATION AND DEVELOPMENT – OCDE, (2010), *Cities and climate change,* OCDE Publishing, Paris.

OWENS, S. E., (1987), *The implications of alternative rural development patterns,* (comunicación no publicada, sino presentada en *The First International Conference on Energy and Community Development,* Atenas, Grecia.

PALANGIÉ, A., (agosto-septiembre 2014),:*Ville intelligente, mode d'emploi,* Plan pp.34-44 (citado por l'Association des architectes paysagistes du Québec), Canada.

PALANGIÉ, A. (agosto-septiembre 2014 b), *Villes intelligentes: de profonds bouleversements en perspective,* Plan, páginas 46 – 49 (citado por l'Association des architectes paysagistes du Québec), Canada.

PARRISH, J., (Agosto 17, 2018), *Pilot project to collect noise data begins in Edmonton,* https://edmonton.ctvnews.ca

PLAN NACIONAL DE DESARROLLO URBANO – PNDU, (2014), *Plan Nacional de Desarrollo Urbano 2014 - 2018,* México.

POLÉSE, M., y STREN, R., (2000), *The social sustainability of cities : diversity and management of change,* University of Toronto press, Toronto, Ontario, Canada, en RANDALL, J.E., y WILLIAMS, A.M., (2001), Urban quality of life, Canadian Journal of Urban Research, vol. 10(2) Institute of Urban Studies University of Winnipeg, Winnipeg, Manitoba, Canada.

PROULX, D., (2003), *«Le concept de dignité et son usage en contexte de discrimination: deux Chartes, deux modèles»,* Revue du Barreau (numéro spécial), pp. 274, 485-542

RADIO CANADA, (2015), *5 idées pour Montréal, ville intelligente,* publicado el jueves 26 de marzo, 2015 a las 11 h 04. Actualizado el 26 de marzo, 2015 à 11 h 28, Consultado el 02/06/2018, Online

RADIO CANADA. (2017). L'ABC de la ville intelligente; la ville intelligente, d'abord une histoire humaine https://ici.radio-277 canada.ca/premiere/.../la.../ville-intelligente-citoyens-darine-ameyed,

RADIO CANADA (2018), *Penser la ville intelligente* | Désautels le dimanche| https://ici.radio-canada.ca/premiere/emissions/desautels-le.../ Penser-la-ville-intelligente, Consultado el 02/06/2018.

RADIO CANADA, (Actualizado el domingo 13 enero 2019 à 5 h 14), *Cinq actions des pouvoirs publics pour réduire les GES*.

RADIO CANADA, (Actualizado el 28 août 2020 à 09 h 08), *La pandémie signe-t-elle la mort des centres-villes? Survie des centres-villes,* Marie-Christine Trottier y Rachida Azdouz. Est-ce la mort des centre-villes? Discussion avec des experts en urbanisme:

RAKODI, C. y LOYD-JONES, T., eds., (2002), *Urban livelihoods: a people-centered approach to reducing poverty,* Routledge.

RANDALL, J.E., y WILLIAMS, A.M., (2001), *Urban quality of life,* Canadian Journal of Urban Research, volumen. 10, número. 2, pp. 167 - 169.

RAO, V., (2007), *Proximity distances: the phenomenology of density in Mumbai,* Built Environment 33(2), pp.227-248.

REID E. et al, (2002), *Measuring sprawl and its impacts,* Washington, D.C., Smart Growth America.

RELPH, E., (2022), *Place and Placelessness,* Pion Ltd, Exeter, Reino Unido.

REYBURN, S., (2010), *L'urbanisme favorable à la santé : une revue de connaissances actuelles sur l'obesité et l'environnement bâti,* Environnemt urbain / urban environment, vol. 4, pp. d1 – d26.

RICKABY, P.A., (1987), *Six settlements patterns compared,* Environment and Planning B 14(2).

RITCHOT G., MERCIER G., y MASCOLO S., (1994), *L'étalement urbain comme phénomène géographique: l'exemple de Québec.* Cahiers de géographie du Québec, 38 (105), pp.261–300. https://doi.org/10.7202/022451ar

ROCHET, C., (2008/3) *Le bien commun comme main invisible : le legs de Machiavel à la gestion publique,* Revue Internationale des Sciences Administratives, (Vol 74).

ROCHET, C., (2011), *Qu'est-ce qu'une bonne décision publique ?,* Éditions universitaires européennes.

ROCHET C., y PINOT DE VILLECHERON F., (2014), *Urban Life Management : System Architecture Applied to the Comception and Monitoring of Smart Cities.* Computer Science Engineering. Environmental Science.

ROCHET C., (10 noviembre 2014), *Les villes intelligentes. Enjeux et stratégies pour les nouveaux marchés,* Biblioteca de l'Université du Québec en Chicoutimi, http://bibliotheque.uqac.ca/p. 26.

ROCHET C., (10 noviembre 2014), *Les villes intelligentes. Enjeux et stratégies pour les nouveaux marchés*, Les classiques des sciences sociales, una biblioteca numérica fundada y dirigida por Jean-Marie Tremblay, profesor de sociología en Cégep de Chicoutimi Site web: http://classiques.uqac.ca/p.22. Consultado el 20/05/2018.

ROSANVALLON P., (2006), *La contre-démocratie. La politique à l'âge de la défiance*, Paris: Éditions du Seuil, p. 262.

ROSANVALLON P., (2010), *La légitimité démocratique,. Impartialité, réflexivité, proximité,* Paris: Éditions du Seuil, p.18.

ROUÉ-LE GALL, A., et al, (2014), *Agir pour un Urbanisme Favorable à la Santé, Concepts et Outis.* Ministère de la Santé et des Droits de Femmes, Republique Française.

RUBACK, R.B. y PANDEY, J., (1992), *Very hot and really crowded; quasi-experimental investigations on Indian "temps",* Environment and Behaviour, 24, pp.527-554.

SACHS, I., (1991), *Comment concilier écologie et prospérité,* Revue le Monde Diplomatique.

SACHS, I., (1993), *Écodéveloppement,* Alternatives Économiques, Syros.

SCHTEINGART, Martha, (1991). *Espacio y Vivienda en la Ciudad de México,* El Colegio de México,

SECRETARÍA DE DESARROLLO SOCIAL – SEDESOL, (2012), *La expansión de las ciudades 1980 – 2010*

SECRETARÍA DE DESARROLLO SOCIAL – SEDESOL, CONSEJO NACIONAL DE POBLACIÓN – CONAPO e INSTITUTO NACIONAL DE ESTADÍSTICA, GEOGRAFÍA E INFORMÁTICA – INEGI, (2004), *Zonas metropolitanas de México,* Secretaría de Desarrollo Social, Consejo Nacional de Población e Instituto Nacional de Estadística, Geografía e Informàtica, México.

SECRETARÍA DE INDUSTRIA Y COMERCIO – SIC, (1971), *IX censo general de población 1970. Distrito Federal,* México, Dirección General de Estadística.

SÉNECAL, P, TREMBLAY, C., y TEUFEL, D., (1991), *Gentrification ou Étalement? Le cas du centre de Montréal et de sa périphérie,* Société d´Habitation du Québec – SHQ, Direction Générale de la Planification et de la Recherche, Direction de l'Analyse et de la Recherche, Québec. Canada.

SIMARD M., *Étalement urbaine, empreinte écologique et ville durable. Y a-t-il une solution de rechange à la densification?* Cahiers de géographie du Québec, 58 (165). https://doi.org/10.7202/1033008ar

SIMMEL G., (1903), *Métropoles et mentalité,* unige.ch › sciences-société › socio › files › Simmel_1903.

SISTEMA DE TRANSPORTE COLECTIVO – STC, (2018), *Plan Maestro del Metro 2018 – 2030,* https://metro.cdmx.gob.mx/storage/app/media/Metro%20Acerca%20de/Mas%20informacion/plan/maestro18_30.pdf

STEBE J.-M., *La sociologie urbaine*, Paris: Presses Universitaires de France (PUF), col. Que sais-je, 2010, pp. 6-7, 8.

TAYLOR, P.J., (2004), *La regionalité dans le réseau des villes mondiales,* Revue Internationale des Sciences Sociales, Les villes géants, 181, pp.401-415.

TELLER L-N., (1 de abril 2006), *Révolution urbaine - Un monde fait de Métropoles*. Régions. Le Devoir.

TELLO CAMPOS, C.A., y GIL CARRASCO, J.L., (1985), *Programa Maestro del Metro,* Departamento del Distrito Fedeal, Secreataría General de Obras, Comisión de Vialidad y Transporte Urbano – COVITUR, México, D.F., México.

TELLO CAMPOS, C.A. (1996), *Potential for Telecommuting in Ottawa-Carleton,* tesis de maestría (inédito). Carleton University, Ottawa, Ontario, Canada.

TELLO CAMPOS, C.A. (2009), *Revitalización Urbana y Calidad de Vida en el Sector central de las Ciudaades de Montreal y México,* tesis doctoral (inédito). Universidad Nacional Autónoma de México – UNAM.

TELLO, C.A. (2018), *El Centro urbano de México: su densificación, ¿un escenario adverso?* Ciudad y Territorio (estudios territoriales), Madrid, España, vol. I, (196).

TELLO, C.A. (2022), *Fracturas Territoriales en Quebec. ¿De qué estamos hablando?*, Asunción, Paraguay, *Revista de la Sociedad Científica del Paraguay,* vol. 27, no.1.

THÉORIES CONTEMPORAINES DE LA SOCIOLOGIE URBAINE (PDF), www.academia.edu ›

Les_Théories_Contemporaines_de_la_Sociologie Consultado el 13/05/2020.

TREGEAR, T.R., y BERRY, L., (1959), *The development of Hong Kong and Kowloon as told in maps,* Hong Kong University Press, Hong Kong, República Popular China,.

UNITED NATIONS, (2010), *2010 Estimates for the 2009 World Urbanization Prospects Report.* New York, USA, Department of Economic and Social Affairs, Population Division.

UNITED NATIONS, (2014), *World urbanization prospects.* New York, USA, Department of Economic and Social Affairs, Population Division.

UN-HABITAT, (2015), *UN Habitat Global Activities Report. Increasing Synergy for Greater National Ownership,* United Nations Human Settlements Programme, Nairobi, Kenia. 278

VANIER, M., *La Périurbanisation comme projet, Métropolitiques,* https://www.metropolitiqueseu/La-periurbanisation-comme-projet.html

VERGARA PETRESCU, J., (2006), *Densidad y extensión urbana,* www.plataformaurbana.cl

VITE PÉREZ, Miguel Angel, *La administración del desarrollo social en el Distrito Federal,* en MORA REYES, J.A. La regeneración habitacional en el Centro-histórico de la Ciudad de México, Fundación de Estudios Urbanos "Adolfo Christlieb Ibarrola", Ciudad de México, Estados Unidos Mexicanos https://es.scribd.com/documents/743035411/LaRegeneracion_Habitacional_e n_El_Centro_Historico_de_La_Ciudad_de_Mexico

VILLAVICENCIO BLANCO, J. (2000), *Condiciones de Vida y Vivienda de Interés Social en la Ciudad de México,* Porrúa, México.

Voyage dans les villes intelligentes entre datapolis et participolis... www.francispisani.net/voyage-dans-les-villes-intelligentes-entre-datapolis-et-participol (2015), Consultado el 02/06/2018.

WARD, P. M., (1998), *Mexico City,* John Wiley and Sons Ltd., West Sussex, England.

WEBER M., (2014), *La ville,* Paris, La Découverte, coll. « Politique et sociétés », 280 péginas.

WHYTE, W. H., (1957), *Urban Sprawl,* Anchor Books, New York, USA.

UNA CIUDAD DIGITAL EN EL SIGLO XXI: ¿MÉXICO?

Esta obra ilustra el problema que existe de urbanización en grandes ciudades, fragmentadas entre una responsabilidad ética y no ética preocupante. Por medio de un análisis multidisciplinario basado en una realidad social, económica y ambiental, el autor habla de un espacio urbano cada vez más extendido como probable inductor entre otros de una notable segregación. Por medio de esta obra, el autor promueve una revolución de tipo paradigmático para apoyar mejor a un desarrollo urbano sustentable más compacto en las grandes ciudades. Sin un nuevo enfoque social, económico y ambiental y sin políticas urbanas que sean más justas, los distintos espacios   continuarán existiendo fragmentados con fuertes consecuencias en el marco de una expansión urbana sin control y de una calidad de vida (CDV) y del lugar (CDL) decadentes en la población. Para solucionar esta situación, este estudio aboga por una nueva configuración urbana de ciudades inteligentes densificadas (apoyadas sobre nuevas tecnologías de información y de comunicación TIC), que sean mucho más éticas, inclusivas y ecológicas, más benéficas para la población y para las numerosas ciudades del mundo con objeto de asegurar así una vida más satisfactoria para las generaciones tanto presentes como futuras y finalmente con esto mejores perspectivas de supervivencia para el planeta entero.

Carlos Alberto Tello Campos, investigador posdoctoral en desarrollo urbano (aménagement) en l'Université de Montréal y doctor en geografía-urbana en la Universidad Nacional Autónoma de México – UNAM. Profesor en planificación urbana en Carleton University, Profesor adjunto en desarrollo urbano en l'Université d'Ottawa. Ha publicado libros y artículos sobre el desarrollo urbano de las grandes ciudades de América del Norte. Recibió el premio « Brian Long » por la mejor tesis doctoral en estudios canadienses del Consejo Internacional de Estudios Canadienses – CIEC en Ottawa, Ontario, Canadá, en 2011.

yes
I want morebooks!

Buy your books fast and straightforward online - at one of world's fastest growing online book stores! Environmentally sound due to Print-on-Demand technologies.

Buy your books online at
www.morebooks.shop

¡Compre sus libros rápido y directo en internet, en una de las librerías en línea con mayor crecimiento en el mundo! Producción que protege el medio ambiente a través de las tecnologías de impresión bajo demanda.

Compre sus libros online en
www.morebooks.shop

Printed by Books on Demand GmbH, Norderstedt / Germany